THE ART of ETHNIC COSTUMES

中国南方少数民族服饰艺术

The Art of Ethnic Costumes in Southern China

主 编 卞向阳　　副主编 徐小雯　　编 纂　上海纺织服饰博物馆

东华大学出版社
·上海·

图书在版编目（CIP）数据

中国南方少数民族服饰艺术 / 卞向阳，徐小雯主编
. -- 上海：东华大学出版社，2023.1
　ISBN 978-7-5669-2196-3

　Ⅰ. ①中… Ⅱ. ①卞… ②徐… Ⅲ. ①少数民族—民
族服饰—文化研究—中国 Ⅳ. ① TS941.742.8

中国国家版本馆 CIP 数据核字 (2023) 第 044976 号

策划编辑：马文娟
责任编辑：季丽华
封面设计：裴瑜
装帧设计：上海程远文化传播有限公司

中国南方少数民族服饰艺术
ZHONGGUO NANFANG SHAOSHUMINZU FUSHI YISHU

卞向阳　主编
徐小雯　副主编
出　　版：东华大学出版社（上海市延安西路 1882 号，200051）
网　　址：http://dhupress.dhu.edu.cn
天猫旗舰店：http://dhdx.tmall.com
营销中心：021-62193056　62373056　62379558
印　　刷：上海当纳利印刷有限公司
开　　本：787mm×1092mm　1/16
印　　张：16
字　　数：400 千字
版　　次：2023 年 1 月第 1 版
印　　次：2023 年 12 月第 2 次印刷
书　　号：ISBN 978-7-5669-2196-3
定　　价：168.00 元

序 言

中国是一个多民族聚居的国家，在漫长的生产、生活实践的历史进程中，各民族创造出了丰富的纺织技术，并形成多姿多彩的服饰文化，成为承载不同民族文化、地域特征和传统生活的重要媒介。

中国南方少数民族服饰艺术是人类文化中的宝贵遗产。绚丽多彩的民族服饰是历史沉淀，是体现其族群特征的符号，是维系其民族特性的纽带。但是，随着社会的工业化和信息化进程不断提速，南方少数民族的生活环境和生活方式均有很大变化，不少传统民族服饰逐渐脱离民众的生活，很多传统纺织服饰工艺只能以非物质文化遗产（以下简称"非遗"）保护的形态存在。因此，我们需要更好地保护和记录少数民族的服饰艺术，通过活态传承加强少数民族服饰非遗的利用，并谋求进一步达到乡村振兴的效能。有鉴于此，本人携上海纺织服饰博物馆及东华大学服装与艺术设计学院史论部师生团队，将近年来关于南方少数民族服饰的专题研究成果和馆藏南方少数民族服饰精品，以《中国南方少数民族服饰艺术》之名编纂成书，奉献于此。

本书分为专题研究和实物分析两大部分，前者主要集中了本人及指导的博士生和硕士生所进行的南方少数民族专题研究的代表性成果；后者则将上海纺织服饰博物馆所收藏的 21 世纪之前的南方少数民族服饰典型样本，以实物图片加上分析结果的形式呈现给读者。

在专题研究部分，书中主要有 7 项专题成果。首先，"南方少数民族服饰的多维研究"专题主要建立在艺术学框架下，以中国南方少数民族研究的"物质—观念—精神—传承"四个环节为依托，包含服饰作为物态形式的"视觉样式研究""服饰体现观念情感的造物审美研究""服饰装扮的社会心理学研究""民族服饰的继承创新研究"4 个维度。另外，有 3 个关于水族纺织服饰的专题研究，涉及水族服饰的历史变迁、当代传承和特色纺织工艺；2 个关于广西瑶族的服饰专题，包括上衣结构研究、瑶族语言与服饰的关系分析；1 个关于贵州布依族女性穿裙类的服饰形制分析。

在实物分析部分，书中主要聚焦苗族、布依族、壮族、侗族、黎族、彝族、瑶族、水族共 8 个南方少数民族，在简述各民族基本服饰特征的基础上，展现典型服饰和特色纺织品的实物图像及分析结果。其中，有苗族 14 组、布依族 2 组、壮族 3 组、侗族 2 组、黎族 5 组、彝族 6 组、瑶族 4 组、水族 2 组，力求体现相关南方少数民族经典服饰的真实面貌。

期待《中国南方少数民族服饰艺术》的面世，能够为南方少数民族服饰研究抛砖引玉，为相关少数民族服饰非遗的保护与利用提供借鉴参照，同时，也期望为新时代弘扬中华民族文化、丰富民族服饰时尚、凝聚民族合力、增强民族自信，献上一份锦绣祝福。

卞向阳 博士

东华大学教授、博导

上海纺织服饰博物馆馆长

中国服装设计师协会副主席

上海时尚之都促进中心主任

2021 年 12 月 12 日

目　录

专题研究　001

002　南方少数民族服饰的多维研究

009　水族妇女服饰由裙装至裤装的变化与动因

017　黔南水族"九阡青布"工艺调查及特色解析

031　"自我"与"他者"二元视角下的水族民族服饰活态传承

042　广西瑶族上衣的平面结构研究

054　瑶族语言与瑶族服饰的关系探讨

064　贵州安顺市镇宁县布依族女性穿裙类服饰形制分析

实物分析　076

苗族　077

079　贵州丹寨苗族百鸟衣

082　贵州台江苗族刺绣铃铛女上衣

085　贵州黄平苗族亮布刺绣女装

090　贵州龙里小花苗贴布刺绣贯头衣及蜡染百褶裙

094　贵州六枝新窑乡牛场坝四印苗女上衣及蜡染百褶裙

099　贵州丹寨雅灰苗族蚕锦对襟女上衣及靛蓝百褶裙

105　贵州雷山平塘村短裙苗女装

110　贵州毕节苗族花背

112　贵州剑河展溜锡绣衣套装

118　贵州台江革一乡苗族女装

123　贵州黄平僮家蜡染女装

130　苗族绞绣背带片

132　贵州毕节苗族麟祉呈祥背带片

134　苗族堆绣背带片

布依族　136

137　贵州镇宁布依族女装

143　贵州关岭布依族女装

壮族　149

150　云南文山壮族黑色刺绣女上衣及素黑百褶裙 ①

155　云南文山壮族黑色刺绣女上衣及素黑百褶裙 ②

160　广西百色隆林金钟山壮族女子套装

侗族　164

165　贵州榕江侗族黑地刺绣女上衣及黑色棉布百褶短裙

170　贵州从江侗族女装及黑色布百褶短裙

黎族　173

174　海南黎族女上衣及筒裙 ①

178　海南黎族女上衣及筒裙 ②

182　黎族龙被

184　黎族筒裙布料

186　黎族秤杆纹头巾

彝族 188

189　云南文山麻栗坡彝族贴布蜡染女上衣及贴布蜡染女裙

194　云南文山麻栗坡彝族蜡染对襟女上衣及贴布蜡染女裙

199　云南红河州石屏彝族女装

205　云南富宁县彝族女装

209　四川凉山彝族女装

211　云南文山麻栗坡彝族蜡染对襟三件套男上衣

瑶族 219

220　湖南江华瑶族女装

225　广西南丹白裤瑶男装

229　广西南丹白裤瑶女上衣及百褶裙

232　瑶族背带

水族 234

235　贵州三都水族女装

240　水族背带

参考文献 243

专题研究

南方少数民族服饰的多维研究

卞向阳，李林臻

一、中国的南方少数民族

由于中国南北两地自然生态环境、经济形态、文化结构各自的独特性，南方少数民族群体形成了与北方截然不同的民族文化景观。服饰是这一差异最直接的体现载体，气候和地理的差异使得南北两地服饰面料选择不同，族群着装之风格也大相径庭。北方少数民族皮裘成衣，服饰粗犷厚重；南方少数民族丝麻为料，服饰细腻精巧。再者，两地族群"眼中的自然"必然会呈现不同的风景，在观物取象的创作思维下，反映出南北两地服装纹饰在使用主题方面的特点尤为明显，体现出不同的审美心理与取向。

基于中国文化传统里"一点四方"的结构，从方位的角度对"中国南方"进行地理划分，即包含了我国西南、中南（含华中、华南）的大片区域。[1]在这广阔的中国南方地域内，又包含了众多少数民族族群、亚族群。其实，即便是在中国南方，地域的跨度性、地理的复杂性也使其囊括了六大族系：汉族族系、百越族系、氐羌族系、苗瑶族系、佤族－德昂族系、蒙古族系。所涉及的少数民族包含回族、壮族、布依族、傣族、水族、侗族、仫佬族、毛南族、黎族、仡佬族、藏族、门巴族、珞巴族、彝族、傈僳族、纳西族、哈尼族、拉祜族、基诺族、白族、怒族、土家族、景颇族、独龙族、阿昌族、羌族、普米族、

---

[1] 杨庭硕，罗康隆：《西南与中原》，云南教育出版社，1992，第3-4页。

苗族、瑶族、畲族、佤族、德昂族、布朗族等。[1]

  针对以上各民族服饰的研究，基本都有其相关成果，甚至有些民族在服饰方面的研究成果已相当成熟，足够让我们看到中国南方各少数民族服饰上的差异性和特性。然而将中国南方少数民族置于一个集体，对中国南方少数民族服饰文化形态进行整体的、共性的研究还值得多加思考与延伸。

二、多维视野下的南方少数民族服饰研究架构

  中国南方少数民族群体至今依然持续着文化的延续与互动，在"自我"传统文化与"他者"多元文化的碰撞下不断取舍，形成了当下中国南方土地上丰饶繁盛的少数民族文化。中国南方少数民族传统服饰，不仅是宝贵的文化遗产、民族视觉符号，而且承载了南方各民族的历史与文化、观念与精神。因此，对于中国南方少数民族服饰艺术的研究应该是多维视野的，呈现为学科的发散性和研究的层递性。

  杨鹍国在对苗族服饰进行研究的过程中提出"表层—中层—深层"的苗族服饰系统。在此系统中，服饰的物态形式构成了苗族服饰系统的表层；各式各样的民俗节令活动构成了苗族服饰系统的中层，同时是联系主体与媒介的纽带；精神与心态则为苗族服饰系统的深层。[2] 这样一种"物态—民俗—精神"的三重结构系统给当下中国南方少数民族服饰研究提供了系统性的、有组织的表达方式。

  相对于过去研究中关注的服饰物质要素、服饰文化要素、服饰精神要素，在新时代的研究背景下更需要从设计学角度切入，探讨民族服饰文化传承与发展的议题，即如何将少数民族服饰造物之观念以更适合的方式与时代生活有机结合。故而，本文所论多视野下中国南方少数民族研究架构将建立起"物质—观念—精神—传承"四个环节，即少数民族服饰作为物态形式的视觉样式研究、服饰体现观念情感的造物审美研究、服饰装扮的社会心理学研究、民族服饰的继承创新研究，四个环节环环相扣、彼此影响，继而从整体上把握对中国南方少数民族服饰的研究。

---

1 杨庭硕，罗康隆：《西南与中原》，云南教育出版社，1992，第68–69页。

2 杨鹍国：《苗族服饰——符号与象征》，贵州人民出版社，1997，第12页。

三、服饰作为物态形式的视觉样式研究

对于中国南方少数民族服饰的研究，首要的便是对服饰本体的总体把握。具体可从以下三方面展开：

（一）构成服饰本体的诸多形式要素

形成要素包括服饰的形制、结构、装饰、面料、配伍等展现的所有视觉上的外在要素。中国南方少数民族包含了众多族群，族群下又延伸出丰富的亚族群。以中国苗族服饰为例，纷繁的支系构成了苗族服饰样式的丰富复杂性，单从服饰外观观察，就可分出百种不止。服饰结构可以拆分为布片的形状、大小、规格以及组合的形式等，从而形成各类服饰的结构特点。服饰的装饰包括纹饰造型、色彩搭配等要素。服饰的面料则关注品种、质感、特性。服饰的配伍除了对头饰、足饰、首饰等一切其他服装配件的分析，更是需要将一类服饰放在整体组配、穿戴方式的规则上加以考察。

（二）中国南方少数民族服饰形态样式与历史记载中的渊源关系

诸多历史记载均对中国南方少数民族服饰有所反映，但是也有不少与史实有所出入。如水族就有从裙装到裤装转变的过程，苗族服饰各地差异之大，也是在长期历史发展下产生同源异流变化所致。随着统治者视野的扩大、态度的重视，记录南方少数民族的文献、图志内容得以不断扩充，出现频率不断变多，被强调的程度不断增强。如宋代《黔南职贡图》、明代《贵州诸夷图》、明代《贵州图经新志》，清代更是有丰富的记录少数民族形貌风俗的生活图本"百苗图"，其中以苗族为主体，也杂存着被误以为苗族的其他居住在南方的少数民族，如彝、侗、水、布依、仡佬等族。研究可以用历史文献、图像为素材组接历史，聚焦各族服饰与历史记载的关系，分析服饰变化的具体内容以及变化的动因。

（三）构成中国南方少数民族服饰形式要素的表现技巧和技术基础

表现技巧主要指民族服饰中纹饰的造型技法，如各类刺绣针法、蜡染、挑花技艺等。技术基础是指服饰成型前的一切纺织工作，包括种棉、种麻、种桑、缫丝、纺织、染色等。许多遗留的少数民族古装，其衣料均出于自纺、

自织、自染的土布，且至今仍然可找到部分世代相传的服饰技艺，如侗族亮布、水族九阡青布、壮锦等。

四、服饰体现观念情感的造物审美研究

除了对服饰本体进行表层的形态研究外，中国南方少数民族服饰研究的另一视角是进一步从美学、哲学、文化人类学的角度对物质构成进行深剖，从而挖掘潜藏在形态背后的文化意涵与造物观念。

（一）中国南方少数民族服饰的外观美学

中国南方少数民族，其中大多数族群的女性，下身均有穿着百褶裙的形象，而百褶裙不仅有长短之分，亦有装饰手段的差异。如广西隆林地区被称为白苗（苗族的一支）的苗族女性，以全白色麻布百褶裙而闻名；被称为花苗（苗族的一支）的，百褶裙为周身蜡染；被称为红苗（苗族的一支）的，除了蜡染外，在裙摆处更是以红黄棉线挑花装饰。这些百褶裙因装饰手段和服饰结构的差异呈现出不同的外观效果，体现出百褶裙多样的美学法则。

（二）洞察服饰美学背后各南方族群的审美情感

中国南方少数民族纹饰图案的主题是表达他们观念的最直接体现，代表着各个族群的丰富想象力与审美意识。以苗族为代表的纹饰中凝聚着自然达观的情感、史诗印刻般历史的厚重感、巧妙深邃的空间感、抽象质朴的装饰感等。如川黔滇型苗族女装纹饰中就有大量"山川""田园""江河""城池"的主题图案，其图案构思是苗族对历史祖先故土战争迁徙的回忆与缅怀之情，是凝聚着巨大的心理容量和强烈的感情色彩的诸多原型。[1]从观念情感的角度去探索中国南方少数民族造物的美学法则，是从"人"的意识与情感出发，到实践、呈现的一整套过程。中国南方少数民族服饰美学不仅可以体现"衡定性艺术的魅力"，[2]更是伴随着动态的发展形成了超越时空的美学价值。

1　杨鹍国：《苗族服饰——符号与象征》，贵州人民出版社，1997，第117页。

2　中国民族博物馆：《中国苗族服饰研究》，民族出版社，2004，第64页。

五、民族服饰装扮的社会心理学研究

此类研究主要从服装社会心理学的视角切入，将中国南方少数民族群体的装扮心理与形象构建置于社会情境之中，观察他们在面对"自我"和"他者"下所形成的心理状态，也从另一个侧面考察出其在不同社会情境下构筑（服饰）外观的意义，从装扮心理的层面去理解南方少数民族服饰艺术的特点。

中国南方少数民族生存环境的一大特点便是与多民族杂居，形成"大杂居、小聚居"的分布形态。也就是说，中国南方少数民族族群面对的"他者"更丰富，其各自所形成的心理状态更复杂，所对应的服饰上的体现也更能被察觉。另外，情境所指的是人们着装的社会环境或更为复杂的日常生活结构。[1]中国南方少数民族服饰正是贯穿在各种社会生活与民俗活动当中。故而，研究可从以下方面展开：

（一）节日情境下的装扮心理与着装形象构建

长期以来，中国南方少数民族民俗活动，融合了民间文化、社会心理、宗教信仰等精神内涵，成为物质与精神交融的产物。同时，民俗活动构成的社会情境也成为汇集展示少数民族服饰的文化空间，在这个空间里一切代表民族符号的物态手段、浓烈的生活情感和寄托美好的精神世界均展露无疑。

在南方的诸多少数民族中，许多节日都是共同参与的，节日情境中各少数民族的服饰作为一种显性符号，代表了该民族文化的外在表现形式。例如：在桂西北，壮族的"三月三"（壮族祭祖的日子）、苗族的"跳坡节"，周边其他民族都积极参与其中，都在人与人之间的互动及特殊的文化"展演"情景中，以各自异彩纷呈的穿戴符号展现其装扮形态。从符号互动论的角度看，其他民族在节日场景下的参与，以及外来者以凝视的角度观赏民族展演，都成为一种具有符号意义的互动。故而，各民族在节日期间的装扮心理、形象构建及一切外观管理都值得去挖掘和深入研究。在节日盛装的集会中，少数民族服饰的社会意义得到充分发挥。除此之外，我们也很容易察觉到少数民族装扮从集体到个人，以及从个人到集体形象构建的双向机制。

1　[美]Susan B.Kaiser：《服装社会心理学》，中国纺织出版社，2000，第34页。

（二）日常情境下的装扮心理与形象构建研究

相对于节日情境，日常的民族服饰的穿着方式与心理也十分值得考察。在南方少数民族聚居区进行调研时，我们发现很多民族长期接触现代社会，受汉族影响故而改装情况较大，一些民族除了节日时穿着民族服饰，平时几乎不穿，如广西一些地方的壮族、仫佬族等。虽然一些民族依然在平日生活里穿着传统服饰，但在穿着的搭配和组合上比较随意，如上身穿着赶街时容易买到的现代服装，下身仍穿着自家制作的土布百褶裙、系围腰和背部飘带，头饰也逐渐被街镇上能买到的格纹头巾所代替。这样的日常形象构建也反应出南方少数民族女性服饰的物质构成之中对于自身传统服饰要素中坚守的部分以及可以替代改变的部分。然而，这些变化又源于何种装扮心理，或是现代社会各种因素如何影响固有的民族意识？这一系列问题都是值得深入研究的。

六、中国南方少数民族服饰的继承创新研究

文化变迁现象在所难免，也从未止步。这些变化既有外部因素，也存在内部动因。中国南方少数民族服饰文化的生命力如何在新时代下延续，尊重、关注、传承、保护是当下的研究命题。

（一）总结中国南方少数民族服饰文化的演变规律

有学者提出："现代社会终归有着自己独特的物质与文化基础，那些建立在过去的物质基础之上，由另一种制度观念所建构的文化遗产随着这种物质基础和上层建筑成为历史也不得不慢慢地消隐为'过去'。"[1]因此，在积极地对民族文化遗产进行原生态保护的同时，也应当将少数民族服饰变化的动态发展置于鲜活的当下。我们不能只看到社会生活的扩展和变化对传统文化发展产生消极的一面，也应当看到其为服饰文化的多元性注入新鲜活力，以及所形成当下活生生的互融互动景象的这种"社会实在"[2]。在新时代背景下，通过

1　苏东晓:《从边缘出发: 民族文化遗产现代转化与时尚生产运作的同构问题》,文化遗产,2018(3),第 20 页。

2　荣树云:《"非遗"语境中民间艺人社会身份的构建与认同——以山东潍坊年画艺人为例》,民族艺术,2018（1）,第 91 页。

实地调研，客观地分析在现代南方少数民族群体各族群、各亚族群中服饰变化演绎的规律：一是梳理族群内部的扬弃、承继与革新；二是分析在他者影响下的调试、整合与涵化。这对总结当下南方少数民族服饰文化的演变规律和未来发展动向，具有显著的历史和现实意义。

（二）探索中国南方少数民族文化继承创新的方法

虽然说传承是少数民族服饰研究的老课题，但顺应时代对其传承进行方式方法的探索则是永远年轻的课题。"活态传承"是指传统文化在现代社会语境中的良性传承状态。[1] 在中国南方少数民族中，水族服饰文化的传承呈现出动态性与鲜活性，其马尾绣技艺作为非物质文化遗产在水族人民生产生活过程中，通过"生产性保护"的方式进行传承与发展。[2]

七、结语

中国南方少数民族服饰不仅体现的是物态形式上的艺术之美，更是聚集了追求美好、爱好美丽的中国南方少数民族族群的集体意识与精神历程。中国南方少数民族服饰文化既有着整体性的文化特征，同时也呈现出不同族群鲜明的服饰个性。期待在关于中国南方少数民族服饰的研究中，以多维视野融合多学科理论和方法，通过"物质—观念—精神—传承"的研究结构，更好挖掘和把握南方少数民族服饰文化的内涵与外延，充分展现中国南方少数民族的服饰之美。

1　王英杰：《浅析非物质文化遗产生产性保护》，理论界，2013（4），第 67 页。

2　马晨曲，卞向阳：《"自我"与"他者"二元视角下的水族民族服饰活态传承》，装饰，2020（2），第 108–111 页。

水族妇女服饰由裙装至裤装的变化与动因

马晨曲，卞向阳

水族是我国 56 个民族大家庭中的一员，大约在唐代以前，水族人民就生活在苗岭山脉以南的龙江和都柳江上游的狭长地带。[1] 由于水族人口少，又地处边陲，历史上关于水族及其服饰的记录极少，因此有许多水族服饰历史研究中的空白有待填补。

自有记载开始，水族妇女服饰的穿着形式就以上衣和下装为主。关于上衣、下装组合的服饰形式，可以根据下装的不同而简单分为裙装和裤装两类。综合分析前人记载可以发现，水族妇女服饰形式经历了由穿裙为主发展至穿裤为主的过程，但是其转变时间与原因并没有明确的史料记述。针对此项问题，本文根据历史文献中的水族服饰记载，结合其他素材佐证，探讨水族妇女的主要服饰由裙装至裤装的发展演变以及动因。

一、关于清代水族妇女服饰形式的记载分析

清代关于水族妇女服饰的记载中，对于水族妇女下装的描述都是裙装。如乾隆《独山州志》记载："水家苗，衣尚黑、长过膝。好鱼猎。妇女勤纺织。短衣长裙。"[2] 王锡晋的《黔苗竹枝词》中曰："水家新布□罗纹，小袖团花

---

1 潘一志：《水族社会历史资料稿》，三都水族自治县民族文史研究组，1981，第 1 页。

2 三都水族自治县志编纂委员会：《三都水族自治县志》，贵州人民出版社，1992，第 159 页。

白桶裙；妾住丹江风浪静，任郎来往荔波云。"[1] 清人李宗昉《黔记》中也记载："水家苗：在荔波县自雍正十年由粤西拨辖黔之都匀府。男子渔猎，妇人纺织，故有'水家布'名之。穿桶裙短衣，四周俱以花布缀之。每岁首，男女成群，连袂歌舞，相欢者负之去，遂婚媾。"[2]

　　除了文字记载以外，清代关于少数民族的绘本中也表明水族妇女服饰以裙装为主。官方绘本《皇清职贡图》与民间绘本《百苗图》，其中对于水族妇女服饰的描绘都是如此。《皇清职贡图》卷八中载："荔波县夷人，有狚、犵、狑、狪、猺、獞六种杂居，并为一体。元时同属南丹安抚司，明初改土归流，置荔波县，隶广西省。本朝雍正十年，改隶黔省。其衣服、言语、嗜好相同。岁时祀槃瓠，杂鱼肉酒饭。男女连袂而舞，相悦者负之而去，遂婚媾焉。"[3] 图 1 为其中附图，所绘的妇女形象，确为穿筒裙，与上文中的记载一致。虽然此图是六个民族妇女形象的综合体，无法看出水族服饰的特性，并且岑家梧先生在《水家仲家风俗志》中认为此文的描述皆为瑶人的风俗，与水族无关。[4] 但是联系其他五族同时期的服饰记载，还是可以确定当时这六个民族皆是以裙装作为主要着装形式。

　　《百苗图》作为记录清代各地苗族生产、生活的民间绘本，对于苗夷民族的描绘较《皇清职贡图》详细许多。本文中所用的《百苗图抄本汇编》描绘水族的共有七个不同的版本，虽然画面有些许不同，但文本都是一致的，这也与清人李宗昉《黔记》中记载基本一致。其中刘甲本、博甲本、民院本、台甲本和法国藏本这五个版本以"妇人善纺织，故有水家布之名"这一记载为题，对水族妇女的生活进行描绘。晚期的师大本和省图本是针对"男子喜渔猎"作画，故其中没有对于妇女的描绘，本文不再过多陈述。刘甲本、博甲本中所绘妇女衣着十分接近，代表了 19 世纪早期水族妇女的服饰特点，妇女均穿黑色上衣、深色桶裙，裙身装饰有花边。民院本、台甲本（图 2）中所绘妇女服饰基本与刘甲本、博甲本一致，只是除了桶裙外，裙下还有类似绑腿的服饰。法国藏本（图 3）所绘人物的衣着则稍有变化，其中妇女的服装颜色趋于

1　赵杏根：《历代风俗诗选》，岳麓书社，1990，第 387 页。

2　杨庭硕，潘盛之：《百苗图抄本汇编》，贵州人民出版社，2004，第 5 页。

3　（清）傅恒：《皇清职贡图》，广陵书社，2008，第 573 页。

4　岑家梧：《岑家梧民族研究文集》，民族出版社，1992，第 168 页。

【荔波县狄、犴、狑、狪、猺、獞妇】

图1 《皇清职贡图》卷八中荔波县狄、犴、狑、狪、猺、獞六族
妇女形象的附图

图2 《百苗图抄本汇编》之台甲本中水族妇女服饰形象

图 3 《百苗图抄本汇编》之法国藏本中水族妇女服饰形象

多样，并且妇女除了有穿着裙装还出现了穿短裤的形象，这可能与这些妇女所处的生活情景有关。画面上方的妇女似乎刚赶场回来，所以穿着较为体面的桶裙；画面下方的妇女则挑着柴火回来，应为劳作归来，所以穿着更为便利随意的短裤。

通过不同版本的《百苗图》绘本可见，水族妇女穿裙的记载是可与上述文献记载相对应的。虽然除了穿裙外，还有劳作时穿短裤的现象，但是这与穿裙的普遍记载不冲突。

综上所述，在清代水族妇女确以穿裙为主，并且也有裙下打绑腿的穿着形式。这可以与《三都水族自治县志》中"女子服饰，清代以前，年长妇女多绾发结于顶，用青方巾包头、上穿对襟无领阔袖银扣短上衣，下套百褶围裙，并在前后系上两块长条腰巾。脚穿尖钩花鞋，有的还扎裹腿"[1]的记载呼应。现在，从江地区这种作为水族妇女盛装的穿裙装打绑腿的着装形式依然存在。

---

1 三都水族自治县志编纂委员会：《三都水族自治县志》，贵州人民出版社，1992，第 159 页。

二、关于民国时期水族妇女服饰形式的记载分析

民国时期，一批学者在水族地区进行了深入的田野调查，并发表了相关论著。其中对于水族妇女服饰的记载主要是裤装。如《贵州苗夷社会研究》中吴泽霖 1940 年所作的《水家的妇女生活》记载："水家的衣服，都为青色或黑色，……水家女子平时只穿裤不穿裙，裤全为黑色长及足胫，裤口约八寸，镶边与上衣同，腰间绕有黑布做的没有花边没有花纹的围腰，宽约二尺，长及膝下半尺。"[1] 又如 1949 年岑家梧在《水家仲家风俗志》中也记载："妇女的上衣也没有领，用青蓝色或黑色土布制成，长过膝下寸许，襟、袖及领口，均用青布镶边两层，最内层更绣以花边，花边从汉商购得，颇为精致。裤色与上衣同，脚宽七八寸，也绣花边。……女性在盛装时，也有着褶裙者。"[2] 由此可见，到了民国时期水族妇女确实已经穿裤装了。

20 世纪 90 年代出版的《水族民俗探幽》一书中关于民国时期妇女服饰有这样的记载："三都县水族妇女韦秀英家保存了几代妇女的古装。……从韦秀英收藏的裙子来看，虽然只是她母亲的，但可以推想而知，至民国初期，水族妇女还是穿裙子是无疑的了。她们的裙子是黑色家织布做的百褶裙。这种裙子不穿的时候，就将其卷成一卷状似一根棒子，便于收藏。需要用时打开，像一张很宽的厚重围布，把它系在腰间就成了桶裙。"[3] 文中提到"至民国初期，水族妇女还是穿裙子是无疑的了"，这似乎与上文中穿裤的记载有些出入。但是如果与岑家梧提到的"女性在盛装时，也有着褶裙者"相联系，再加上潘一志先生在他的《水族社会历史资料稿》中所述的"民国以后，节日时妇女仍是穿裙并挽发于顶，以便插簪，所以裙子就成为青壮年妇女的礼服"[4]，便可以解释为水族妇女在民国时期还是穿裙装的，但只是将其作为盛装服饰。上文中韦秀英收藏的裙子会保存下来也可能正因为是盛装才会被珍藏下来。正如吴正

1　吴泽霖，陈国钧：《贵州苗夷社会研究》，民族出版社，2004，第 65 页。

2　岑家梧：《岑家梧民族研究文集》，民族出版社，1992，第 168 页。

3　何积全：《水族民俗探幽》，四川民族出版社，1992，第 105 页。

4　潘一志：《水族社会历史资料稿》，三都水族自治县民族文史研究组，1981，第 421 页。

彪在《论水族服饰在现代社会中的文化调适与价值取向》中所述："水族妇女穿筒裙，如今已不多见，只是在 20 世纪的 60、70 年代，三都水族自治县水龙、中和、塘州、阳安、廷牌、恒丰、周覃、三洞、九阡、扬拱等地的老年妇女中有极少部分人家略有收藏，但很少穿，只是在进行婚丧仪礼或重大庆典活动时才偶有穿戴。"[1]可见，裙装作为盛装服饰一直延续到新中国成立以后，后来才慢慢在盛装服饰中消失。

三、关于水族妇女由裙装至裤装的变化时间与动因分析

由上文中的记载可以基本确定水族妇女在清朝是以裙作为主要下装的，到了民国时改穿裤。由于史料记载的不完全，无法确定水族妇女服饰由裙装改为裤装的具体时间以及演变的动因。但是在任何情况下，社会遗产都会随着发生在整个文化氛围中的变化而产生变更，因此每一个历史时期都会在那个时代的服饰中留下它独特的视觉印记。正是由于这个原因，通过服饰的风格、材料、做工等特点，我们可以推知绝大多数服装的产生年代。[2]所以，虽然并无关于水族妇女下装变化的具体时间与原因的记载，但是依然可以结合历史时期相关的社会文化变革，运用服饰与文化相互关系的理论，对水族妇女下装变化的时间与原因进行大胆的推测。

（一）清末强制改着汉装的影响

自明朝起中央政府便对西南地区实行"改土归流"政策，在水族地区，虽自明正德年间便改流官制度，嘉靖年间设县，并"招异省汉民数家，以充役使，编辑钱粮，羁縻各里"[3]，但是效果不佳，所以"改土逾二百余年，而风不能遽易，习不能遽改云"。[4]至清雍正十年，因荔波更接近贵州新辟苗疆，为便于管理，所以将其划归贵州省，隶属都匀府。划归贵州后，社会状况确有改变，所以"溯自雍正辛亥撤师，开疆设守，距咸丰甲寅，阅百二十年，诸苗归顺，户口殷繁，

---

1 贵州省水家学会：《水家学研究（四）》，贵州省水家学会，2004，第 156 页。

2 [美]玛里琳·霍恩：《服饰：人的第二皮肤》，上海人民出版社，1991，第 121 页。

3 潘一志：《水族社会历史资料稿》，三都水族自治县民族文史研究组，1981，第 104 页。

4 潘一志：《水族社会历史资料稿》，三都水族自治县民族文史研究组，1981，第 104 页。

不知有兵革也久矣"。[1] 虽然此时的水族地区处于太平祥和之势，但是"汉民冠婚丧祭，异地无殊，而诸苗则尚各习俗，均有性情服食语言歌音之异"。[2] 由此可知，至咸丰年间，水族地区的人民还是遵循过去的服饰形式。

后因"苗教倡乱，浩劫相寻"，[3] 贵州省内大规模战乱直至同治末年才安定下来。因此，清朝政府加大了对水族地区的整治力度。同治壬申年间（公元1872年），"继正苗属，使苗民薙发，读书习礼除陋，并改汉装，而同归。"因此可以推测，至19世纪70年代，清朝政府对水族人民强制实行汉化改革，迫使水族地区的人民改穿汉装，从而改变了水族妇女原来的装束。由于汉族地区自19世纪70年代起，上衣下裤的打扮为越来越多的人所接受，[4] 所以随着汉族妇女服饰的主要穿着形式由裙装改为裤装，改穿汉装的水族妇女的服饰形式也随之改变。

由于关于水族历史服饰的记载文献极少，本文中引用的历史资料也多为19世纪以前及民国时期以后的资料，因此只能推断水族妇女是自19世纪70年代至民国时期逐渐改裙装为裤装的，并且裙装没有完全消失，而是变成了用于节日与婚丧礼仪的盛装。

（二）与汉族交往的影响

正如地缘的隔离导致服饰模式的僵化，加强各种文化间的交往和联系，必然促进服饰变化的速率。[5] 西南少数民族地区实行"改土归流"政策时，中央派来的流官率领一批青吏、皂隶上任，并在此屯兵，加上随之而来的汉族商人、手工业者，他们遍布于少数民族地区的城镇、集市和屯堡，曾经隔离的地缘关系被打破。水族地区自雍正改土归流后，"商旅出于途，汉苗杂于市，天平景象，焕然一新焉。"[6] 这些来往的汉族商人、手工业者以及迁居至此的汉族人民，其服饰的形式必然与当地的少数民族服饰之间相互影响。晚清汉族妇女改穿裤

1　潘一志：《水族社会历史资料稿》，三都水族自治县民族文史研究组，1981，第112页。

2　潘一志：《水族社会历史资料稿》，三都水族自治县民族文史研究组，1981，第112页。

3　潘一志：《水族社会历史资料稿》，三都水族自治县民族文史研究组，1981，第112页。

4　卞向阳：《中国近现代海派服装史》，东华大学出版社，2014，第68页。

5　[美]玛里琳·霍恩：《服饰：人的第二皮肤》，上海人民出版社，1991，第132页。

6　潘一志：《水族社会历史资料稿》，三都水族自治县民族文史研究组，1981，第110页。

装，水族妇女在街市上习得，效仿之。裤装相较于裙装，制作上用时用料都较少，劳动时也较为便利，从而被水族妇女逐渐认可接受，裤装被推广成为主要下装。

（三）汉文化教育的影响

从同治年间起，庚午"夏五月文通判奉札清理善后，散发牛种，设城中义塾一。……壬申年间，增设城乡义塾十三堂，清出绝产田谷为教师学俸"，[1] 汉族教育机构在水族地区的发展，使水族有能力进私塾学习的年轻人得到"入学"的机会。"其民性虽轻文重武，然期间亦有出类拔萃者。道光末，王启宗以考古学膺选进士之拔。"[2] 当一些水族读书人取得"功名"后，受到汉族文化的影响较深，与汉族同僚的来往也增多。在这种形势下，改着汉族官服的水族官员必然影响到家中的女眷，受到家庭文化的影响，这些水族妇女必然改装。他们在本民族中是有影响的上层人物，根据服装社会心理学中"自上而下"的流行传播理论，自然会影响到本民族群众的改装，这也可能是水族妇女改装的另一个动因。

四、结论

通过整理关于水族妇女下装的史料记载，加之其他史料的旁证，基本可以确定水族妇女服饰是在受到晚清政府在水族地区实施改汉装的政策影响下，于 19 世纪 70 年代开始逐渐由原来的裙装为主改为裤装为主的。影响水族妇女由裤装改为裙装的主要原因是受到晚清汉族妇女改穿裤装的影响。同时，与汉族日益密切的交往以及受汉族文化教育影响等因素，也推动了水族妇女服饰的改变。

1　潘一志：《水族社会历史资料稿》，三都水族自治县民族文史研究组，1981，第 114 页。

2　潘一志：《水族社会历史资料稿》，三都水族自治县民族文史研究组，1981，第 111 页。

黔南水族"九阡青布"工艺调查及特色解析

卞向阳，马晨曲，任珊

水族自称"睢（suǐ）"，因发祥于睢水流域而得名。半数以上的水族人口居住在贵州省黔南布依族苗族自治州东南部全国唯一的水族自治县——三都水族自治县。水族历史上便以擅于织布染布闻名于当地，清代李宗昉《黔记》中就有记载："水家苗：在荔波县自雍正十年由粤西拨辖黔之都匀府。男子渔猎，妇人纺织，故有'水家布'名之。穿桶裙短衣，四周俱以花布缀之。"[1] 其中三都县南部九阡镇与荔波北部水族聚居区所产的青布由于纱质匀细、染工深透、经洗耐穿，早在百年前就闻名远近，旧时常为当地士绅争相购买去作礼品。[2] 这种九阡与荔波地区所产的青布，又名"九阡青布"。现在互联网中很多资料介绍的"水家布"即"九阡青布"，历史上确实也有关于"水家布"的记载，但是由于并无历史文献证明"水家布"是因织造技艺还是因染制技艺得名，因此本文中采用"九阡青布"这个名称来指代本文的研究对象。

中国西南少数民族地区以蓝靛来染色布料极为常见。但与一般蓝靛染的面料所呈现的或者色彩浅淡、或者质地粗硬、或者遇汗褪色有所不同，"九阡青布"解决了一般蓝靛染的土布质地粗硬、容易掉色的问题。"九阡青布"虽然同属于蓝靛染的一种，但是其特色的染制材料与工艺，形成了自身的优秀特点：首先是独特的染料形成的独特色彩，以木叶加稻田泥组合的染料来增加布料的

---

1 《水族简史》编写组：《水族简史》，民族出版社，2008：第124页。

2 杨庭硕：《百苗图抄本汇编》，贵州人民出版社，2004，第341页。

黑色为其民族所独有。其次是持久的染制工艺流程形成了独特的质感，"九阡青布"要经过三年反复数次的染色、清洗、捶打，如此持久的染色过程，实属罕见。反复的染洗使得"九阡青布"的色彩浸入面料纤维里面，因此相对于其他蓝靛染的土布更不易褪色；反复的捶打使原本僵硬的土布面料变得柔软，呈现出与其他水族地区及周围其他民族的土布完全不同的柔软质感。"九阡青布"不仅特色显著，而且在当下民族手工艺面临失传的情况下却依然广泛存在于三都县的南部与荔波县的北部水族聚居区，并且用途广泛。除了以此制作民族服饰外，婚丧嫁娶中也沿袭传统以送布为礼。学术界对水族传统面料的关注较少，笔者查到仅有的两篇期刊论文也只是针对于水族特色豆浆染的研究。[1, 2]

保护好"九阡青布"的制作工艺，对于展示水族人民的创造力，发展水族的民间工艺，增强民族自信，弘扬民族优秀文化，均有着重要的价值和特殊的意义。"九阡青布"虽好，但是在当下却一直没有受到社会各界的广泛关注，其优秀的工艺也并未能够成为"非物质文化遗产"，实属可惜。因此，本文将以"九阡青布"的染制工艺为研究对象，以荔波县水利乡水利大寨为考察点，采用参与观察、深度访谈、摄影、录音等调查方法，对染布过程进行记录和分析。根据田野调查的客观事实，尽量详实地展现"九阡青布"从染料与面料的制作到面料染整的全过程，突出其特色的染制工艺及其不同于其他土布的独特魅力，以期将这种个人化的日常实践经验原理化，以备日后万一这一传统技艺失传的情况下仍可留下恢复技艺的依据。

一、制作材料

制作"九阡青布"的材料包括面料和染料两部分。水族妇女擅于纺织，所织造的面料有"水家布"的美誉。因此，制作"九阡青布"主要使用的面料便是水族妇女自织的"水家布"。由于"九阡青布"属于蓝靛染的一种，因此染料的原料中包括一般蓝靛染布所用的兰草、石灰、碱面、米酒、牛皮。除此以外，最为重要的原料——木叶与稻田泥，形成了"九阡青布"独有的黑色。

1 刘春雨：《贵州三都水族豆浆防染工艺及纹样寓意阐释》，染整技术，2017，39（10）：第65-69页。
2 潘瑶：《水族豆浆染的文化价值及传承现状浅议》，黔南民族师范学院学报，2013（3）：第47-49页。

（一）面料

水族生活的地区种棉的历史十分悠久。为御寒的需要，水族先民早就掌握了种棉花的技术。明朝时期黔南的都匀府就有种棉的记载，到清朝开始发展，特别是1742年（乾隆七年）清政府"立法劝民纺织"和川湘滇桂邻省棉花与植棉技术传来以后，当时黔南的都匀、独山、定番（今惠水）等县各族农民都植棉不断。直到民国，黔南的罗甸、荔波、三合（今三都），都是产棉量较多的县。[1] 水族民间也一直有"棉花和谷种的来历"的传说，还有"春节前后白笋死叶叶，来年棉花黄豆特别好"这样的民间气象谚语，以及"种棉花和小米时，忌谈关于棉花和小米的话，认为谈到它们，将会生长不好"这些生产习俗与禁忌。[2] 但是，随着现代水族聚居区所产的棉花品质不好及与外界交往的日趋便利，棉花种植已经逐渐在当地消失。虽然水族人民依然保留手工纺纱织布的技艺，但是棉花原料却大都是从外地购买。

水族妇女自古擅于织布染布，在清朝乾隆时期《独山州志》中就有记载"水家苗，衣尚黑、长过膝。妇女勤纺织"。[3] 在过去，水族妇女所织造的面料品种繁多，如《三都水族自治县三洞乡水族社会调查（节选）》（1985年）中讲到"土布分为花椒纹布、斜纹布、细纹布、方格纹布、鱼骨纹布、笆擢纹布等"。[4]《板引村水族社会调查（节选）》（1988年）中也提到："这里织的布一般长3.6丈，宽1.3～1.5尺，也有织5～6丈长的，织出来的品种有花纹、回纹、斜纹、方格纹、鱼骨纹、笆摺纹和波浪纹等。这些花色品种中，每项品种又有6种不同的花样，如花椒纹布就有正花椒、反花椒、大花椒、中花椒、小花椒、倒花椒等。"[5] 现在由于年轻妇女少有愿意继承织布技艺的，所以很多妇女都从集市上购买原色的坯布来染制青布，因此，可以看到的面料品种少了许多。

不同于苗族、侗族喜欢用平纹织物作为制作传统服装的面料，水族妇女

1　谭放炽：《略谈贵州民族地区棉纺织业的发展》，贵州民族研究，1989（3）：第120页。

2　何积全：《水族民俗探幽》，四川民族出版社，1992：第46页。

3　三都水族自治县志编纂委员会：《三都水族自治县志》，贵州人民出版社，1992，第159页。

4　雷广正：《三都水族自治县三洞乡水族社会调查》；选自贵州省民族事务委员会，贵州省民族研究所：《贵州"六山六水"民族调查资料选编（水族卷）》，贵州民族出版社，2008，第33页。

5　杨有义：《板引村水族社会调查：节选》；选自贵州省民族事务委员会，贵州省民族研究所《贵州"六山六水"民族调查资料选编（水族卷）》，贵州民族出版社，2008，第116页。

图 4　染制"九阡青布"常用的斜纹织物　　图 5　水利大寨的马蓝种植地　　　　图 6　化香树植株

则更常使用如图 4 所示的斜纹织物制作"九阡青布"。因为斜纹织物浮长线较长，在经纬纱粗细、密度相同的条件下，布面有明显斜向纹路，手感比较柔软、光泽较好，更适合"九阡青布"所追求的质感。

（二）染料

1. 马蓝

　　作为制作传统靛蓝染料的原材料，蓝草有马蓝、菘蓝、木蓝等多种，本文的田野调查点——水利大寨主要种植马蓝作为制作蓝靛染料的原材料。作为收入可观的经济作物，马蓝在黔南地区普遍种植，尤其是独山县、荔波县等地。水利大寨的后山上便种植了五六十亩马蓝作物（图 5），用来制作蓝靛膏自用或者出售。一般每年过完水族卯节（每年农历六月的辛卯日），正值马蓝成熟的时节，人们将从马蓝植株中间割下植株的茎叶，备作制作蓝靛膏的材料。

　　2. 木叶与稻田泥

　　"木叶"（图 6）是当地的一种植物的茎叶，这种植物水语直接翻译过来叫"MeiHum（梅凤）"，学名为"化香树"。化香树的果序及树皮富含单宁，是染黑色的天然染料。化香树在水利大寨附近的山上极为常见，在化香树成熟的季节，乡民多采摘一些，晒干后储藏起来以备染布时用。

稻田泥不能单独作为染布的材料，必须与木叶一同使用。稻田里面的淤泥富含铁酸，与木叶中的单宁发生化学反应可以产生单宁酸铁，从而形成黑色素沉淀附着于织物之上，化学反应式为 $6T\text{-}OH + FeCl_3 \rightarrow [Fe(O\text{-}T)_6]^{3-} + 6H^+ + 3Cl^-$。[1]如杜燕孙先生在《国产植物染料染色法》中所说："单宁与铁化合，成为单宁酸铁而生灰色及黑色之沉淀，固着于纤维之上，我国古时染黑，胥唯此物是赖。……靛蓝等打底者，可得优美而坚牢之黑色"。[2]虽然以含单宁的植物与淤泥一同染色并非这一地区所独有，日本鹿儿岛的"泥染"、香云纱、凉山彝族毛毡染色等都用到这一工艺，但"九阡青布"深厚的黑色是与其他蓝靛染叠加一起形成的。

3. 牛皮

牛皮主要用于煮制牛皮水。牛皮一般选用黄牛皮，经过烧毛、脱脂、浸泡多日的工序处理牛皮，便可制作牛皮水。由于染色时织物要在碱性染液中长时间浸泡，强力会受到影响，为增加织物强力和提高染色色牢度，染色后的织物要进行过胶处理，将牛皮煮化后稀释成汤，浇在布上起到给面料上浆的作用，使面料硬挺结实，颜色也更加稳定。[3]

4. 石灰、碱面和米酒

石灰主要用于制作蓝靛膏，而碱面（主要成分为碳酸钠）和米酒则是用来调制蓝靛染液。具体使用方法在一般制作蓝靛染料的研究成果中多有呈现，本文不再赘述。

二、染制工艺流程

染制"九阡青布"步骤极其复杂，且要重复 3 年。同时染制时忌讳也颇多，如下雨天不染、气温太低不染等。但是经过这样反复染色、捶打后的面料，色泽黑亮自然、质地柔软又固色耐洗，远胜于一般蓝靛染制面料所呈现的色彩、色牢度及舒适性。染制"九阡青布"首先要制作蓝靛膏，再调配蓝靛染液，之

---

1 陈武勇，刘波，刘进，田金平，和廷军：《植物单宁与铁盐和氧化剂反应的变色规律》，中国皮革，2003，32（7），第 12 页。

2 杜燕孙：《国产植物染料染色法》（第 2 版），商务印书馆，1939，第 203-206 页。

3 贾秀玲：《植物靛蓝染料染色及固色工艺研究》，东华大学出版社，2012，第 6 页。

后才能开始染蓝色。由于劳动人民进行手工制作都是通过经验来判断的，所以本文所述的一些材料的用量、时间等都是约数。笔者在田野调查时，跟随观察的对象是有十几年染布经验的潘嫂，将根据她所述的染制工艺流程进行展开。

（一）制作蓝靛染料

1.制作蓝靛膏

制作蓝靛染料第一步要先制作蓝靛膏。传统制作蓝靛膏的工艺已十分成熟，在各民族地区之间基本无异，都要经过浸泡发酵 — 石灰处理 — 沉淀分离的过程，只不过在一些细节上有细微的差异。在水利大寨制作蓝靛膏时，先把采摘回来的新鲜马蓝叶子置于缸中用清水浸泡 2 ~ 3 天，如果天气变冷温度不够时，则需浸泡时间久一些。经验丰富的水族妇女基本通过观察来确定浸泡的时间是否足够。浸泡完后将未腐烂的枝叶捞出，在缸里加入石灰粉。加入石灰粉时不是直接倒入，而是用瓢舀着石灰粉，慢慢浸入水中，让石灰在慢慢溶解过程中与水充分溶合。待石灰充分溶解后，用竹笼在浸泡蓝草的水中上下来回搅拌，直至水面产生茂密的泡沫为止。然后把缸静置，让蓝草与石灰的混合物沉淀，过滤掉上层的清水，蓝靛膏便制作完成了。制作蓝靛膏时，蓝草与石灰的配比是 10 ：1，一般 10 千克的蓝草加上 1 千克的石灰，可以做出 3.5 ~ 4.0 千克的蓝靛膏。

2.制作蓝靛染料

制作蓝靛染料所使用的染缸一般多年不换，一年染色结束后染料不扔，留到来年继续使用，据说越陈的染料越好着色。水利大寨的妇女所使用的染缸一般容量 200 升左右，每年第一次调染料时，要先加水至桶的七成，把原来的染料稀释。然后，按照蓝靛膏 0.5 千克，酒 0.5 千克，碱面 1 杯（约 30 克），水 1 桶（约 20 升）的比例进行调配。把材料加配好后，以木棒用力搅拌染液，直至搅出气泡，气泡堆积长久不破，染液便调制好了。每日染布前都要按照上述的比例新加染料，这些染料可以完成 10 匹土布的一次染色。

（二）面料染色工艺流程

相比较其他蓝靛染色的工艺，水族"九阡青布"的染色工艺中最具特色的便是木叶汁煮布与稻田泥洗布的工艺，除此以外，染制时间之久，也绝无仅

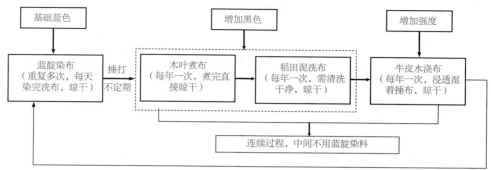

图7　一年中染制"九阡青布"的流程

有。因此，评价"九阡青布"优劣的标准除了色泽均匀外还有时间，要经过三年的反复染制捶打所制成的"九阡青布"才算优质。图7为一年里染制"九阡青布"的流程，一般每年从盛夏马蓝植物成熟开始制作蓝靛染料，到入冬气温太低不利于着色后完成当年染色，捶打完收起来待来年再染。染制"九阡青布"主要有以下工艺流程：首先是基础的蓝靛染，然后以木叶煮布与稻田泥洗布来增加面料的黑色，再以牛皮熬制的液体浇于布中增加织物的强度，最后就是在染色过程中一直穿插的捶布工序，来增加面料的柔软度与光泽度。

1. 蓝靛染布

染制"九阡青布"要在几年里反复很多次蓝靛染的过程，不断地使面料的蓝色加深。在染制过程中要求染色均匀，因此开始染布前，先要在面料的正面做标记，染制过程中务必注意正反面的朝向。

根据前文介绍的染缸大小与染料配比，可以同时完成5匹布两次的染色。布下染缸时务必正面朝上且对叠，让布的正面更好与染料接触，染出更为均匀的颜色。下布的时候用木棍慢慢把面料压进染缸中，让面料更好地与染液接触，放完一匹布再放入另一匹。布浸染液10分钟左右捞起，挂在挂布架上等染液滴完，再次下染缸染10分钟左右，捞起等染液滴完。

沥干染液后进入下一步漂洗的环节。漂洗最好选择水质清澈且流动的水，更容易将布洗干净。漂洗的时候切忌像平时洗衣服一样揉搓，而是要拎起一匹布的两头，将一头抛向远处的水面，然后把布一段一段地在水中来回摆动进行漂洗（图8），最后将布收回手里，再相互拍打沥去多余的水分，整个过程重复三遍。

图8　漂洗的手法

将洗干净的布放在太阳可以直射的地方晾干。晾布的时候单层晾晒，布的正面朝上，一段一段地搭在晾衣杆上，用夹子夹住固定，晒干后收回。布正面朝上是为了更好地受到太阳照射，可以增加布的光泽。因此，下雨天不染布，原因是雨天染布没法晾晒，没晾干的布收起会影响其光泽。

2. 木叶汁煮布与稻田泥洗布

木叶汁煮布与稻田泥洗布是"九阡青布"染制过程中最具特色的工艺流程，以此形成面料黝黑的色彩。不同于其他工艺流程可以交替进行，在这一环节中必须先进行木叶汁煮布的步骤，而后进行稻田泥洗布的步骤，使两种材料中的有关元素产生化学反应。

制作木叶汁时用大锅，先放满木草加满水大火焖煮5小时。木叶汁制作好后将木叶掀开，布单层浸入锅底，再将木叶盖于布上（图9），改文火再煮2小时，煮好后将布正面朝上铺于平地之上晒干。晾晒过程中将剩余的木叶汁舀至水桶中带到晒布场地，用剩余的木叶汁进行第二次染色。染制时先将布单层慢慢浸入盆中，使木叶汁完全浸透面料（图10）。一匹布完全浸透后，不多停留，直接晾晒，晒干后再染，至木叶汁用完为止。布最后染完晾干后收起，进行下一步骤——泥浆洗。

泥浆洗布前，先在收割完稻谷的田里挖一个坑，加水将里面的泥土稀释成泥汤，用手清理干净泥汤里面稻草的残渣。然后把木叶煮过的布单层压进泥

图9　木叶汁煮布

图10　木叶汁染布

图11　泥浆洗布

浆中（图11），等布完全浸入泥浆中，不多浸泡，直接捞起用净水将布洗净。洗布时一定要洗得干净，否则残留的泥巴会使布染色不均匀。洗完布后依然正面朝上晒干收起。

寨子里的妇女并不清楚用木叶汁煮布后用泥浆洗布的原理，只说可以让布更红更亮。这也是民间手工艺在传承中的一个普通问题，手工艺人经常只知其然不知其所以然。因此，需要研究者将这些民间经验记录下来，分析其中的原理，从而形成便于学习的系统知识。

3. 牛皮水浇布

首先按 2.5 千克牛皮制作的牛皮水可以浸染 20 匹布配比计算使用的牛皮量。制作牛皮水时将牛皮放入高压锅加水炖煮 2 小时，待牛皮完全炖化后出锅。此时的牛皮胶水浓度过高，不宜使用，需要将其分成 4 份，每次取用 1 份再加水稀释煮开，制作成可以浸透 5 匹布的用量。煮制的牛皮胶水虽放久后会变质发臭，但是不影响使用，因此不必一次使用完所有的量。

不同于苗族、侗族在使用牛皮胶水时将其涂于面料之上，制作"九阡青布"时则将牛皮水浇于面料之中。浇牛皮水时将布分匹卷好放入尺寸适合的桶中，慢慢地沿着布缝浇下，使布卷的中心也能浸透（图 12）。将牛皮胶水全部浇完后，静置一会，让布完全被牛皮水浸透。

图 12　把牛皮水浇进布里　　　　　图 13　捶打牛皮水浸透的土布

浸透后直接将布匹拿去捶打。捶的时候要注意在石头上垫块塑料布，防止牛皮胶水染到石头上影响平时捶布时使用（图13）。捶布时要用力，同时要保证四边和中心都捶到，让牛皮胶更好地黏住棉布纤维，增加面料的耐磨性和硬挺度。捶完一遍将布卷从最里层拉开成空心卷，将原本处于受力边缘区域的面料对折至中心位置，继续捶打，使面料的所有部位都均匀受力，捶打完后面料正面朝上摊平晒干。

4. 捶打

捶打是制作"九阡青布"过程中的重要工艺，一般进行两次蓝靛染之后便捶打一次，或者闲暇时也可继续捶打。因此，经常在月挂枝头时还可以听到寨子里各家传来"咣咣咣"的清脆捶布声。捶布工艺始终穿插在染布的环节中，染染捶捶，"九阡青布"就在这样复杂的过程中形成了不同于其他民族及水族其他地区传统土布的柔软度与光泽度。

捶布时要注意力道，双手举起木槌，举至头顶，以大臂带动小臂的力量用力捶打面料（图14）。捶布与晒布不同，要将布的反面朝上进行捶打，以免破坏面料正面的纤维。经验之谈是多捶多好，可见捶布在染制"九阡青布"过程中的重要性。

图14　捶布

三、"九阡青布"的特色解析与用途

（一）特色解析

蓝靛染布的工艺已有上千年的历史，后在各处因地制宜、就地取材形成了不同的地方特色。"九阡青布"属于蓝靛染的一种，在传统蓝靛染的基础上发展出了自己的特色。通过与传统蓝染布、融水苗族亮布、肇兴侗布进行比较，分析水族"九阡青布"不同于传统蓝靛染及周围其他民族蓝靛染的特色（表1）。

表1　不同蓝靛染面料的工艺与特色比较

面料品种	特色工艺	染制时长	面料特色
九阡青布	木叶与稻田泥组合染黑	3年	颜色黝黑，光泽自然，质感柔软，色牢度强
融水苗族亮布	薯莨、鸡皮杨梅树皮汁增加红色，刷蛋清增亮，高温蒸布[1]	30天内	颜色偏红，光泽度强，质感硬挺，色牢度一般
肇兴侗布	树皮汁增加红色，刷蛋清增亮，高温蒸布[2]	30天内	颜色偏红，光泽度强，质感硬挺，色牢度一般
传统蓝染布	无	30天内	颜色深蓝，哑光，质感偏软，色牢度一般

首先是色泽方面的特色。由于不同地区、民族审美标准有异，因此在色泽上的追求也各不相同。传统蓝靛染色工艺流程主要包括蓝染、过胶、汽蒸、捶打，因此，面料的色彩随着染色次数的增加而呈现由浅至深的不同蓝色，光泽度一般，呈现哑光效果。融水苗族亮布在传统蓝染的基础上增加了以薯莨、鸡皮杨梅树皮汁增加面料红色，刷蛋清增加面料亮度的工艺，因此面料

1　尹红：《广西融水苗族服饰的文化生态研究》，中国美术学院出版社，2012，第62–64页。

2　谭丽梅，苟锐：《贵州肇兴侗布工艺特征探析》，装饰，2018（5），第87–89页。

色泽红亮。肇兴侗布的工艺流程基本与融水苗族亮布一致，只是在增色工艺上以树皮汁来增加红色。"九阡青布"则继承了传统蓝染染色、过胶、捶打的工艺流程，去除了汽蒸的工艺流程，增加了木叶汁煮布与稻田泥浆洗布的工艺环节，使含丹宁的植物与铁酸结合而增加了面料的黑色，所形成的面料色彩黝黑、光泽自然。

其次是质感上的特色。质感上的特色产生与染制过程中的一些工艺环节有关，传统蓝染布由于染制过程较短，捶打时间不多，所以面料的柔软度一般；融水苗族亮布、肇兴侗布则追求面料的硬挺质感，因此在工艺流程中加入刷牛皮胶水与蛋清的工艺，来增加面料的硬挺度；"九阡青布"追求柔软的质感，因此在染制工艺中捶打的环节特别重要，需要在染制的 3 年中始终贯穿。

最后是固色上的特色。传统天然植物染色一直存在严重的褪色问题，但是"九阡青布"以 3 年的反复染制、清洗、捶打，使色彩深深地沁入面料纤维之中，造就了不同于传统的蓝靛染布及周围其他民族蓝靛布的强色牢度，从而解决了天然植物染面料所制作的服装遇汗褪色的尴尬。因此，这一点不仅是"九阡青布"的特色，也是它的优点。

（二）用途

"九阡青布"不仅特色明显，用途也十分广泛。一是作为制作节日盛装的面料（图 15），二是作为儿女嫁娶的礼物，三是作为老人丧葬的陪葬用品。以"九阡青布"制作的水族服装与其他地区的水族服装不同，其他地区的水族服饰以华丽的刺绣装饰为美，而这一地区则以"九阡青布"色泽的上乘为美，所以头巾、上衣和裤子、围腰都要以黑色的"九阡青布"制成，不加入任何色彩与装饰。但是"九阡青布"珍贵，因此只能制作盛装服饰，日常服饰则使用其他面料，而送布为礼的习俗至今仍在延续。送布的习俗一般送嫁娶时送布匹，送丧葬时要把布做成衣服和垫单；嫁娶时要送双数，丧葬时要送单数，而且送老人丧葬的衣服和垫单要成套送，根据家庭情况一般送 5 套、7 套或 9 套。一套包括两层青布所制的长衫、裤子及头巾，还有 7 条宽度为 4 条土布门幅宽的垫单。由此算来，为老人置办丧葬用的衣物，就要 20 匹以上的青布。例如，笔者在田野调查时跟随观察的潘嫂，女儿出嫁时送了 20 匹，儿子娶媳妇时送了 4 匹，约定俗成的规矩是女儿嫁妆要多送，以期女儿可以得到夫家重视。

（a）女性　　　　　　　　　　　　（b）男性

图15　三都县南部与荔波东北部的水族节日盛装

　　作为带有仪式感和家庭情感联系的产物，"九阡青布"通常蕴含着浓烈的情感，妇女们在制作时尽其所能地将工艺做到最好，将染制时间做得长久，以期穿戴或赠亲人时用来表达满满的祝福。

四、结语

　　"九阡青布"独特的染色材料、染制工艺及广泛的用途，形成了独有的面料特色。以含丹宁的木叶与稻田泥中的铁盐结合的染黑工艺，使其形成了独特的黝黑色彩。3年的反复染制、捶打，使其质地柔软、光泽自然、色牢度高，解决了天然染色普遍存在的褪色严重的问题，并且柔软的质感增加了穿着的舒适感。本文深入探析"九阡青布"的工艺特色，希望可以展现其特色与优势，使其能够进入"非遗"的视野，被更好地保存与传承下去。

"自我"与"他者"二元视角下的水族民族服饰活态传承

卞向阳，马晨曲

　　民族服饰传承是学术界一个既老又新的课题，"老"体现在传承是讨论已久的话题，"新"则体现在传承方式与方法的不断创新。在当代社会高速发展的背景下，民族服饰本身在与其他文化群体交流与碰撞中产生了时代性的发展，传承过程中也产生了新的方式与方法。本文以水族的传统民族服饰传承为例，探讨在传承的过程中，水族人民基于民族服饰生产者的身份，面对族群内外不同的使用群体，所产生的新传承方式与产品。通过分析水族服饰文化传承这一个案，有助于在各民族服饰文化传承中提供新的思路与视角。

一、水族民族服饰传承的方式

　　水族是我国 55 个少数民族之一，在现代诸多少数民族服饰已经进入保护性传承的情况下，水族民族服饰仍然以常态化使用的样式出现在水族妇女的日常生活场景之中。水族民族服饰之所以在当下仍然被水族妇女所喜爱，除了其所蕴含的民族文化认同感与自豪感外，还因其所传承的内容在不断发展变化，服饰中面料、色彩、装饰以及服饰品等都有与时俱进的发展，符合当下水族人民的生活需求，适应水族人民的现代生活。同时，随着区域旅游产业的开发，当地也生产了很多具有水族民族服饰元素的市场化商业产品，面向旅行者等人群。由此，水族民族服饰在当代的传承呈现出的动态性与鲜活性，符合非物质文化遗产"活态传承"的标准，体现着传统文化在现代社会语境中的良性传承状态。

所谓活态传承，是指在非物质文化遗产生成发展的环境当中进行保护和传承，在人民群众生产生活过程当中进行传承与发展的传承方式，能达到非物质文化遗产保护的终极目的。[1] 水族服饰传承的方式符合"活态传承"所蕴含的传承与发展并存的要求，并且体现着"活态传承"存在于水族人民生产生活之中的鲜活本质。水族民族服饰的当代活态传承，还体现出非物质文化遗产"生产性保护"特点。民族服饰属于工艺类非物质文化遗产，本身就具有生产性，因而，对于这类非物质文化遗产采取生产性保护方式是合理的、正确的。[2] 所谓"生产性保护"，指在具有生产性质的实践过程中，以保持非物质文化遗产的真实性、整体性和传承性为核心，以有效传承非物质文化遗产技艺为前提，借助生产、流通、销售等手段，将非物质文化遗产及其资源，转化为文化产品的保护方式。[3]

二、水族民族服饰活态传承的二元视角

水族民族服饰的活态传承主要依靠的是"生产性保护"的方式，其离不开作为服饰生产和使用主体的"人"的能动性。一直以来，水族人民既是水族民族服饰的生产者，同时也是使用者。在当代，他们又产生了新的身份——水族服饰文化商品的生产者。由此，基于生产者的身份，面对不同的使用群体，水族服饰的生产方式以及其所产生的产品都有所不同。针对使用群体所产生的生产方式分为两种：一是从"自我"视角进行的生产，即生产者也是使用者，他们在同一社会文化体系内传承民族服饰；二是从"他者"视角进行的生产，即生产者与使用者为不同的文化群体，这需要生产者走出本身的社会文化体系，进入以他者为主体的文化环境，根据市场需求对民族服饰中具有民族特色的元素进行创新实践。

因此，基于以上两个视角，笔者针对款式、面料、色彩、装饰等水族传统民族服饰构成的要素，并结合服饰品案例，探讨在活态传承中针对"自我"与"他者"所进行的传承、发展以及创新。

---

1 王英杰：《浅析非物质文化遗产生产性保护》，理论界，2013（4），第67页。

2 祁庆富：《存续"活态传承"是衡量非物质文化遗产保护方式合理性的基本准则》，中南民族大学学报（人文社会科学版），2009（3），第3页。

3 《文化部关于加强非物质文化遗产生产性保护的指导意见》，中国文化报，2012-2-27（1）。

三、基于"自我"视角的继承、发展与创新

在水族民族服饰中，衣裤的款式基本延续了自晚清改装之后形成的右衽大襟上衣搭配直筒裤，而面料、色彩、装饰以及服饰品则有一些时代性的发展。下文通过观察、访谈与问卷调查，从民族内的"自我"视角出发，讨论水族民族服饰在活态传承过程中的继承、发展与创新，并且通过问卷与访谈，分析产生这些变化的原因。

笔者发放问卷调查的群体为贵州省黔南布依族苗族自治州三都水族自治县的"马尾绣之乡"——板告村的妇女。之所以选择板告村的妇女作为调研对象，是因为板告村是水族文化传承最好的地方，村民们对于民族文化有很强的认同感与自豪感。在问卷发放过程中，受到妇女文化水平较低无法完成问卷、外出打工在家务农人口较少等问题的影响，村中登记在册虽有超过五百的妇女人口，笔者仅收回问卷98份，其中有效问卷90份。

（一）符号互动中的传统服饰款式的继承

水族人民在对民族服饰进行活态传承时，款式上采取继承的方式，因此款式是其民族服饰文化相对稳定的部分。虽然在清代对少数民族地区进行强行改装之后，很多少数民族的上衣都改成了以大襟衣为基础的款式，但是为了与共居民族相互区别，彼此在这个基础之上发展出与周围其他民族相互区别的本民族特色。如图16～18中，通过对三个民族的民族服饰比较，发现三都县以及周边的水族、布依族、苗族女性的大襟衣互有区别。水族的大襟衣衣缘上都有镶边，并且主要的装饰也集中于镶边之上；布依族的大襟衣只有领缘镶边，袖口不镶边；苗族的大襟衣则比较短小，且在大襟上镶边。这些与水族的大襟衣形成了彼此相互识别的特征。因此，水族服饰的款式是水族人民与周围其他民族进行社会生活互动时民族身份的重要表征，具有强烈的符号性涵义，在当代成为服饰传承的重要继承部分。

（二）基于功能性的民族服饰面料的发展

面料一直不是水族服饰传承中必需传承的要素，对于面料更多地是讲求其功能性需求，因此在面料方面多体现出与时俱进的发展性。虽然水族妇女自古善于织布染布，并且所制作的土布优点众多，在清代乾隆年间的《独山州志》

图16　水族妇女服饰　　　　　　　图17　布依族服饰[1]　　　　　　图18　苗族服饰

中就有记载"水家苗，衣尚黑、长过膝。妇女勤纺织"，[2]但是，当时生活富裕的人还是以中原来的丝绸面料制作服装。在传世的一些育儿背带中可以找到依据，早期的优质背带底布都是丝绸面料。清末民国初期，随着国外的毛纺面料进入我国境内，慢慢也流入了相对闭塞的内陆地区。现存的许多当时的水族育儿背带中，便是以呢料做底。由此可见，对于面料上的求异求新，并非始于今日。

　　笔者在田野观察中发现，当下水族人民穿着化纤面料所制的民族服装的比例要大于穿土布制作的服装，尤其是年轻人，并且集市上售卖的化纤面料品种众多。问卷调查结果显示，喜欢穿化纤机织布所做的民族服饰的人数占

1　图片来源于《贵州世居少数民族服饰经典》第55页。

2　三都水族自治县志编纂委员会：《三都水族自治县志》，贵州人民出版社，1992，第159页。

52.22%，喜欢穿家织土布所做的民族服饰的人数占 47.78%；其中择选出 40 岁以下的 64 个样本加以分析，结果显示喜欢化纤面料的人数占到了 67.19%，而喜欢土布的仅占 32.81%。由此可见，笔者所观察到的现象确实代表了当下水族同胞对于服装面料的选择倾向。笔者还采访了一些年轻女子，均表示：虽然化纤面料并非天然材质，但是相对土布穿着起来舒适感更强，活动也更方便，而且化纤面料不会因为出汗褪色而把皮肤染脏。所以，她们更多地会选择用化纤面料制作民族服装，即便是节日的盛装亦是如此。

（三）民族文化融合下的服饰色彩变化

水族传统服饰色彩在水族服饰文化影响以及传统染色技术的限制下，一直有明显的色彩偏好。但是近些年由于与外界交流越来越便利，导致各民族文化融合，使得服饰色彩出现了重大的变化。在传统的水族服饰中，崇尚蓝、青、黑这些深沉的色彩。在过去，"水族妇女的衣服大都是兰色和青色，忌讳大红、大黄等颜色，这反映了水族妇女谦恭含蓄、感情内向的道德规范"。[1] 但是这些曾经被祖辈视为禁忌的大红、明黄色彩被现在的年轻女性广泛接受，随处可见穿着色彩明艳的民族服装的妇女（见图 4），并且在年轻水族女性中形成一股民族服饰时尚的"新潮流"。

笔者对此进行的调查显示：在被问到是否知道民族服装的色彩禁忌时，90 人中超过半数的人并不知晓，只有 43.33% 的妇女知道。当问及喜欢什么颜色的民族服饰时，虽然受到传统文化的影响，喜欢黑色、蓝色服饰的占半数以上，但是仍有约 20% 的女性选择了红色。填写红色的多为 40 岁以下的年轻妇女，这印证了如图 19 中所示的"新的"彩色民族服饰确实在年轻妇女中被接受和喜爱。这些新的服饰色彩的出现以及被采纳，是水族服饰受到汉民族等外来文化影响而呈现的跨文化表现。这种猎奇似的尝试是否会彻底改变水族民族服饰的色彩，当下还没有定论。如果这种尝试成为一种常态，局部的转变稳定后影响到了整体服饰形态的改变，那便成为民族文化中一个时代性的转变。

1　吴贵飙：《水族服饰文化的内涵及其特征》，贵州省水家学会，1999，第 5 页。

图 19　红色的水族民族服饰

图 20　第一件马尾绣装饰的服装

（四）偶然的尝试带来的民族服饰装饰的创新

在水族服饰传统中，马尾绣曾经只是作为背带、鞋、童帽上面的刺绣，并不用在衣裤上。将马尾绣用于服装上，来自于国家级非物质文化遗产之一的"水族马尾绣"国家级传承人宋水仙女士偶然的尝试。据宋女士所述，以前水族妇女穿的上衣，装饰的花边为绿色丝质花边。20世纪80年代，她尝试着把马尾绣绣在衣服的边缘上面（图20），没想到这种服装受到水族妇女的广泛青睐，并且纷纷效仿，然后发展并成为当下水族妇女民族服装最为重要的特色。

现在，衣裤上所绣的马尾绣面积越来越大，镶边也越来越宽，服装的华丽程度完全与马尾绣的装饰面积成正比。这种新的装饰不仅改变了原本水族服饰朴素的风格，甚至还改变了水族妇女的服装审美标准。以前，水族妇女服饰华丽程度的衡量标准是银饰越多越华美，而到现代银饰已经不再重要，华丽的马尾绣装饰的衣裤才是华美的体现。问卷调查的结果显示，当下水族妇女对于盛装的认知，90 人中有 95.56% 的妇女认为一套周身绣满马尾绣的盛装要比佩戴一整套银饰更适合盛装的装扮。

（五）与时俱进的民族服饰品的发展

随着时代的发展以及信息交流的便捷，越来越多的外来服饰元素被运用到民族服饰之中，水族女性鞋与包的款式得到了极大地开发。在当代水族社会生活中，依然可见穿传统绣花翘头鞋、元宝鞋的水族妇女。除此以外，更多的人穿马尾绣高跟鞋（图 21）。问卷调查结果中显示：在三种马尾绣装饰的鞋子中，喜欢马尾绣高跟鞋的占 50%；其次是翘尖鞋，占 31%；元宝鞋占 19%。这充分体现了随着时代潮流的变化，民族服饰在活态传承中的适应性发展。

尽管水族人民使用荷包早已成为历史，但是随着马尾绣的发展，各种款式的马尾绣背包成为水族女性的新风尚。如图 22 所示，马尾绣挎包成为水族年轻女性的时尚选择，与上文中提到的马尾绣高跟鞋一样，成为当代水族女性民族服饰时尚的标志。

图 21　马尾绣高跟鞋　　　　图 22　创新马尾绣背包

四、基于"他者"视角下的创新

在"他者"为主体的文化环境之中，水族人民根据以旅行者为主的非本民族消费者的市场需求，对水族民族服饰中具有民族特色的元素进行创新，在服饰的款式、面料、色彩、装饰与服饰品各方面都有着不同于在"自我"视角下活态传承时的选择与思考。由此所形成的创新产品，在民族内部不一定被广泛接受与运用，但却是将民族文化通过"他者"接受的方式展现到外部更广阔的世界之中。

（一）文化疏离情况下对服饰款式的放弃

离开了民族共同文化，水族民族服饰赖以生存的环境就不复存在。所以，不同于在族群内对于传统服饰品类与款式的认同，对于身为"他者"的外界非水族群体，这些与他们生活相隔甚远、过于陌生的文化遗产很难被外界接受。水族的手工艺人与设计师们考虑到了这一问题，因此，对外设计的产品基本放弃了传统服饰款式的沿用，主要以对民族服饰面料、色彩和装饰进行创新的产品为主。

（二）审美角度影响下对民族服装面料与色彩的保留

在"自我"的服饰活态传承中，非天然的面料因其功能性受到水族人民的青睐，而非传统的色彩也在民族文化融合的情况下不再被排斥。但是在对"他者"进行设计时，传统的面料与色彩则成为对外创新最常使用的元素，因为传统服饰的面料与色彩作为水族传统服饰文化的重要表征，在对外设计中最容易为外界所接受。天然染料制成的传统棉质土布，符合当下追求环保与天然的时代审美观，同时也符合外界对于民族风格产品的民族特色诉求。但是在将面料与色彩应用于具体的产品上时，则要将传统的面料、色彩与符合外界需求的产品（图23）相结合，在符合"他者"文化体系的物质与精神需求的同时，彰显出本民族的文化特色。

（三）符号互动中对民族服饰装饰的彰显

作为水族传统服饰中最重要的装饰符号，马尾绣不仅运用在本民族服饰品上且被水族同胞所喜爱，同时还成为针对"他者"进行创新设计时最重要的符号性元素。随着马尾绣成为首批国家级非遗，马尾绣逐渐发展成为水族文化对外展示的名片，被广泛地应用在旅游产品、工艺品以及时尚产品之中。

对于马尾绣产品的开发主要分两个方向：一是传统的旅游产品、工艺品。表现形式主要以马尾绣绣片镶入苗银制成的吊坠、戒指、手镯等饰品，或者以马尾绣绣片制成的香荷包等车饰、挂饰，又或者直接把绣片镶进画框中做成的装饰画，这些产品基本为水族手工艺人从外地习来的其他民族旅游产品与工艺品的形式，改换成马尾绣的产品。因此，在形式上不免与其他民族的旅游产品有雷同之处，竞争十分激烈。

马尾绣产品的另一个发展方向是时尚产品。由于一些在外学习工作归来的年轻人开始寻求新的发展之路，尝试着制作一些符合城市时尚人群需求的创新产品。例如：图24所示的笔记本电脑包，就是为了与时尚生活接轨，以马尾绣片作为互动符号，将民族特色元素与"他者"的现代生活方式相连接。

当然，不论旅游产品、工艺品还是时尚产品，在设计时都体现着在面对"他者"为主体的文化环境时，会针对"他者"的偏好进行设计。因此，在保持传统马尾绣技艺的基础上，图案的题材、配色都有所改变。这些产品与水族同胞的传统生活习惯联系不大，基本是通过旅游区、展销会或者互联网销售平台给外界的消费者。

图23　马尾绣茶罐袋[1]

图24　马尾绣笔记本电脑包

1　图片来源于吾土吾生网络销售平台。

（四）流行影响下对民族服饰品的创新

目前，国际化的流行时尚对于民族服饰品的创新影响越来越大。马尾绣尽管成为水族服饰文化对外创新设计中的重要符号，但是因为其本身的厚重感和复杂程度，大面积用于时装会受到较大限制，而用于鞋、包等服饰品上则更为合适。因此，服饰品成了最适合将水族服饰文化与外界进行交流的产品类别。从图23、24中可以看出在款式选择时，针对民族内的"自我"展现较多的是满地绣花的背包，而面向"他者"进行设计时，则会根据其偏好，选择流行的款式，同时绣花时也注意位置与面积大小符合外界的审美要求。

五、二元视角下水族服饰活态传承的对比

水族服饰的活态传承是一种自觉的、动态的、复杂的行为活动。通过对水族民族服饰活态传承的分析，可以发现在民族服饰传承中继承的部分与发展、创新的部分并不矛盾，基于"自我"与"他者"不同文化体系的继承与发展创新也不冲突。通过表2中的态度对比可以看出，水族人民在基于"自我"与"他者"不同视角下进行民族服饰活态传承时，态度是不同的。对于"自我"进行民族服饰活态传承时，基于民族身份符号性象征、功能性需求、民族文化融合、审美改变以及时代流行的变化，出现了在服饰不同要素上的传承与发展。对于"他者"，则基于对本民族符号性元素以及外界需求偏好的考虑，将民族服饰中的符号性元素融入符合外界审美标准的产品之中。

表2　面对不同文化群体时对于服饰构成要素的选择态度

要素/态度	款式与品类	面料	色彩	装饰	服饰品
对"自我"	继承	发展	发展	创新	发展
对"他者"	放弃	继承	继承	发展	创新

在活态传承的过程中，水族人民会在吸收外界信息的基础之上，保留民族服饰中体现民族性的元素，加入新的时代性元素，体现出活态传承的鲜活性。

例如：在"自我"视角下，服饰款式是区分于外族却在族内形成认同的元素，是民族的"族徽"，[1]这是群体认定的不可更替的元素，是传承中继承性的体现。但是服饰的面料、色彩、装饰以及服饰品，这些是水族服饰文化中的可变元素，因此成为传承中发展创新性的体现。

传承的过程中也会出现一些问题。例如：在"他者"视角下，水族的手工艺人或者设计师们似乎已经形成了固定的设计思维，即所谓的创新设计便是马尾绣与现代流行产品的结合。这需要水族人民更多地挖掘民族服饰中的优秀遗产，了解现代时尚生活的需求，冲破以马尾绣为基础的固有意识藩篱，寻求合适的创新方向以及更符合时代审美的产品。

六、结语

综上所述，水族人民对于民族服饰活态传承的二元视角，使得水族民族服饰在当下民族服饰消亡严重的情况下，传承仍然极具活力。虽然传承的具体内容存在一些问题，但是发展与创新皆出自民族内部人民的自觉，体现了民族内部对于民族服饰传承的积极探索。在新时代中国文化建设与中华优秀传统文化传承的浪潮中，面对目前良莠不齐的少数民族服饰传承现状，"二元"的传承方式可供各民族在传承民族服饰时参考与借鉴，而传承的具体内容可根据各民族的具体情况展开。

通过水族民族服饰活态传承的个案，可以明确一个观点——民族服饰更好地传承一定是依赖于民族内部的能动性。因此，与其对各民族同胞的民族服饰发展与创新内容加以批判质疑，使得民族服饰失去鲜活性，不如认可这是民族服饰在当代社会环境下的一种必然的发展趋势，对其持有积极的态度，并给予适当的支持与帮助。民族服饰的发展与创新需要通过对于制作者的培养，引导他们实现创新能力的提升。尤其针对不同民族文化体系的创新，需要学校、职业技术培训机构对民族手工艺人或者从事民族文化创新的人士进行培训，使其可以开拓眼界，更好地掌握市场需求和现代设计的逻辑方法，提高设计与审美能力。

---

1 何晏文：《关于民族服饰的几点思考》，民族研究，1994（6），第40页。

广西瑶族上衣的平面结构研究

容婷，卞向阳

  少数民族服饰作为民族文化的一部分，既有物质的属性又有精神方面的属性。长期以来，对少数民族服饰的研究主要从民族学、人类学和艺术学这三大学科出发，相关著作颇多，在此不一一赘述。关于少数民族服饰的文化涵义等形而上的讨论似乎成为研究少数民族服饰的专家学者无法回避的内容。然而作为物质的一种体现，回归到物质本身，也就是服装本身的研究并不多。但是我们欣喜地看到一批服装学科的专家学者在这方面作出了努力。北京服装学院刘瑞璞教授的《中华民族服饰结构图考》就从服装实物本身出发，通过服装结构的研究发现少数民族的衣装秘语，这给少数民族服饰的研究带来新的角度，同时启发了本人的研究。

  瑶族是一个历史悠久的民族，历史上不断从南到北、从东到西地迁徙，在这样的过程中发展出众多支系，同时形成了款式丰富多彩的民族服饰。广西瑶族人民在长期的历史发展过程中，根据自身的生存环境、生产方式和风俗习惯等具体的情况，结合身体活动的基本要求设计出了符合本民族特色的服装。服装制作的第一步就体现在服装的平面结构上，这是瑶族人民的智慧以及历史上民族交融的积淀。然而以往很少有人从服装的结构出发对瑶族服装进行系统研究，研究案例最多且深入的是《中华民族服饰结构图考·少数民族编》，其中也只针对几个广西瑶族支系的服饰进行研究，无法看清瑶族服饰结构的全貌。因此，本人从瑶族人口分布最多的广西壮族自治区出发，选取每个支系最有代表性的服饰作为分析样本，希望通过样本的分析，总结出广西瑶族服装平面结构的特点，进而发现其历史发展原因。本文主要讨论的是上衣的平面结构，具体包括服装开门形式和裁片缝合形式等。因为广西瑶族的上衣较下装而言，款式更为丰富，更集中地体现了本民族服装结构的特色，可以根据不同的上装和下装的搭配组合成款式丰富的服饰，上装在瑶族服饰系统中占有重要地位，故选取这一部分做研究。

本文主要采取实物样本、文献分析和田野调查相结合的方法，研究广西瑶族的服饰。本文的研究样本一共有 72 个。其中女装样本 48 个，分别是贺州东山瑶（塔式尖头）女装、贺州西山瑶（斜形尖头）女装、昭平盘瑶新娘装、过山瑶（单帕）女装、兴安过山瑶女装、土瑶女便装、土瑶女盛装、全州东山瑶女装、富川平地瑶女装、茶山瑶（银弧）女装、茶山瑶（银簪）女装、茶山瑶（竹篾）女装、茶山瑶（絮帽）女装、坳瑶女装、山子瑶女装、花蓝瑶女装、金秀盘瑶女装、金秀盘瑶新娘装、荔浦盘瑶女装、恭城西岭盘瑶女装、恭城莲花盘瑶女装、桂平盘瑶女装、龙胜盘瑶女装、灵川盘瑶女装、融水白云花瑶女装、融水滚贝红瑶女装、融水同练盘瑶女装、融水洞头盘瑶女装、龙胜盘胖花瑶女装、龙胜同列花瑶女装、龙胜红瑶织衣、龙胜红瑶绣衣、南丹白裤瑶女盛装、巴马番瑶女装、大化布努瑶女装、田东布努瑶女装、凌云背篓瑶女装、田林木柄瑶女装、田林三瑶女装、田林盘古瑶女装、百色蓝靛瑶女装、凌云蓝靛瑶新娘装、田林蓝靛瑶女装、那坡蓝靛瑶女装、那坡大板瑶女装、宁明细板瑶女装、东兴大板瑶女装、东兴花头瑶女装；男装样本 24 个，分别是贺州过山瑶男便装、贺州西山瑶男盛装、贺州昭平盘瑶男装、贺州土瑶男装、贺州沙田镇土瑶男装、恭城盘瑶男装、坳瑶男装、茶山瑶男装、花蓝瑶男装、山子瑶男装、金秀盘瑶男装、桂平盘瑶男装、融水花瑶男装、南丹白裤瑶男装、巴马番瑶男装、田林木柄瑶男装、田林三瑶男装、凌云背篓瑶男装、凌云蓝靛瑶男装、西林蓝靛瑶男装、那坡蓝靛瑶男装、田林盘古瑶男装、宁明细板瑶男装、宁明大板瑶男盛装。

因为广西瑶族支系众多，又"大杂居、小聚居"地分布在广西的边远山区，个人田野调查的力量有限，所以研究样本除了一些本人亲自田野调查获取的资料外，更多地是来自广西民族博物馆、金秀瑶族博物馆和广东瑶族博物馆等馆藏展出的服饰以及其他专家学者所拍摄的图片和同仁提供的照片，以上这些再结合参考各种历史文献的记载，本人尽可能地将现存的、有代表性和典型性的广西瑶族服装作为分析研究的对象样本，以此总结出各支系服装的结构特点。

一、领子

广西瑶族上衣的领子主要有以下六种类型：

（一）无领

上衣没有领子，也没有领线造型。代表支系服饰有昭平盘瑶新娘装、土瑶女便装、龙胜盘瑶女装、灵川盘瑶女装、融水白云花瑶女装、融水滚贝红瑶女装、龙胜同列花瑶女装、龙胜红瑶织衣、龙胜红瑶绣衣（图25）、恭城盘瑶男装。样本服装中一共10套服装为无领，其中女装9套、男装1套。

图25　龙胜红瑶绣衣（无领）

（二）圆领

领线造型为圆形。代表支系服饰有茶山瑶（絮帽）女装、巴马番瑶女装、田林三瑶女装（图26）、贺州过山瑶男便装、贺州沙田镇土瑶男装、山子瑶男装、田林三瑶男装。样本服装中一共7套服装为圆领，其中女装3套、男装4套。

图26　田林三瑶女装（圆领）

（三）一字领

领线造型为一字。代表支系服饰仅有南丹白裤瑶女盛装1套为一字领（图27）。

（四）直领

上领子，领与襟连为一体，穿时两襟平行或相离。代表支系服饰有金秀盘瑶女装、桂平盘瑶女装、恭城莲花盘瑶女装、融水同练盘瑶女装、融水洞头盘瑶女装（图28）、田林

图27　白裤瑶女装（一字领）

图28　融水洞头盘瑶女装（直领）

图29　白裤瑶男装（交领）

盘古瑶女装、那坡大板瑶女装、宁明细板瑶女装、桂平盘瑶男装。样本服装中一共9套服装为直领，其中女装8套、男装1套。

还有一种直领，也是上领子，领与襟连为一体，平面结构也是长方形。但是穿时两襟左右相交，也有人称之为交领，本文说的结构指平面展开的结构，故这类交领也归入直领的范围。穿着这类直领衣服的代表支系服饰有过山瑶东山瑶（塔式尖头）女装、过山瑶西山瑶（斜形尖头）女装、过山瑶（单帕）女装、茶山瑶（银弧）女装、茶山瑶（竹篾）女装、坳瑶女装、花蓝瑶女装、金秀盘瑶新娘装、恭城西岭盘瑶女装、恭城莲花盘瑶女装、田林木柄瑶女装、东兴大板瑶女装、贺州过山瑶西山瑶男盛装、贺州昭平盘瑶男装、坳瑶男装、花蓝瑶男装、南丹白裤瑶男盛装（图29）、田林木柄瑶男盛装、宁明大板瑶男盛装。样本服装中一共19套服装为交领，其中女装12套、男装7套。

综上所述，平面结构为长方形的直领服饰的广西瑶族支系服饰样本一共有28套，其中女装20套、男装8套。

（五）立领

上领子，领为直立形态。代表支系服装有兴安过山瑶女装、土瑶女盛装、富川平地瑶女装、茶山瑶（银簪）女装、山子瑶女装、荔浦盘瑶女装、大化布努瑶女装、田东布努瑶女装、凌云背篓瑶女装、贺州土瑶男装、茶山瑶男装、金秀盘瑶男装、融水花瑶男装、巴马番

图30 田林盘古瑶男装（立领）　　　　　　图31 东兴花头瑶女装翻领

瑶男装、凌云背篓瑶男装、凌云蓝靛瑶男装、西林蓝靛瑶男装、那坡蓝靛瑶男装、田林盘古瑶男装（图30）、宁明细板瑶男装。样本服装中一共20套服装为立领，其中女装9套、男装11套。

（六）翻领

上领子，领为下翻形态。代表支系服饰有全州东山瑶女装、百色蓝靛瑶女装、凌云蓝靛瑶新娘、田林蓝靛瑶女装、那坡蓝靛瑶女装、东兴花头瑶女装（图31）。样本服装中一共6套服装为翻领，全部是女装。

由此可见，广西瑶族服装大部分有领子，无领衣服占10%左右。直领是其最常见且有代表性的领子样式，其次为立领。翻领则是蓝靛瑶女装的一大特征。九成的女装领子都有挑绣或镶拼的装饰，男装领子相对朴素，少装饰。直领和交领一般展开的平面为长方形，穿着状态又呈现三角领型，这种组合可以说是中华古老服饰结构的"活化石"[1]，因为早在汉代就有这样结构的衣服，比如：汉代的曲裾袍领子的平面结构也是长方形，但是通过穿着时候的交衽，"两襟横向拉力的作用，使领口敞开，形成颈部的弧形。领子的受力点依托布的厚度和硬度也从人体的颈部转移到肩部、背部，使立领的长方形结构在领部呈现出

---

1 刘瑞璞，何鑫：《中华民族服饰结构图考少数民族编》，中国纺织出版社，2013。

立体造型，经过胸至腰间逐渐服帖并收紧，胸部形成了立体贴合的造型效果。"[1]
达到领子是三角形的状态，这一点和广西金秀的盘瑶还有茶山瑶服饰一样。

二、门襟

广西瑶族上衣的门襟主要有以下四种类型：

（一）贯头

没有开襟，开口在领口位置。代表支系服装仅有 1 套，就是南丹白裤瑶女装（见图 3）。

（二）对开襟

这一类门襟有相同的平面结构，但在穿着状态上可细分为两种。其中两襟大小相等，穿着时两襟相离的为开襟。代表支系服装有昭平盘瑶新娘装、恭城莲花盘瑶女装、灵川盘瑶女装、融水同练盘瑶女装、融水洞头盘瑶女装、田林盘古瑶女装、那坡大板瑶女装、宁明细板瑶女装。样本服装中一共 8 套服装为开襟，都为女装。

另一种是对襟。两襟大小相等，穿时平行、对合或相交（见图 29）。代表支系服装有过山瑶东山瑶（塔式尖头）女装、过山瑶西山瑶（斜形尖头）女装、过山瑶（单帕）女装、兴安过山瑶女装、土瑶女便装、土瑶女盛装、茶山瑶（银弧）女装、茶山瑶（竹箧）女装、茶山瑶（絮帽）女装马甲、坳瑶女装、花蓝瑶女装、金秀盘瑶女装、金秀盘瑶新娘装、荔浦盘瑶、恭城西岭盘瑶女装、桂平盘瑶女装、龙胜盘瑶女装、融水白云花瑶女装、融水滚贝红瑶女装、龙胜同列花瑶女装、龙胜红瑶织衣、龙胜红瑶绣衣、田林木柄瑶女装、百色蓝靛瑶女装、凌云蓝靛瑶新娘装、田林蓝靛瑶女装、那坡蓝靛瑶女装、东兴大板瑶女装、东兴花头瑶女装、贺州过山瑶男便装、贺州过山瑶西山瑶男盛装、贺州昭平盘瑶男装、贺州土瑶男装、恭城盘瑶男装、坳瑶男装、茶山瑶男装、花蓝瑶男装、金秀盘瑶男装、桂平盘瑶男装、融水花瑶男装、南丹白裤瑶男装、田林木柄瑶男装、凌云背篓瑶男装、西林蓝靛瑶男装、那坡蓝靛瑶男装、田林盘古瑶男装、宁明

1　刘瑞璞，何鑫：《中华民族服饰结构图考少数民族编》，中国纺织出版社，2013。

图 32　大化布努瑶女装　　　　　　　　　　　图 33　山子瑶男装

细板瑶男装、宁明大板瑶男盛装。样本服装中一共有 48 套服装是对襟，其中女装 29 套、男装 19 套。

综上所述，广西瑶族服饰样本中，一共有 55 套衣服的平面结构为对开襟，其中女装 37 套、男装 19 套。

（三）大襟

一片衣襟大于另一片，襟开于腰侧（见图 26）。代表支系服装有全州东山瑶女装、富川平地瑶女装、茶山瑶（银簪）女装、茶山瑶（絮帽）女装、山子瑶女装、巴马番瑶女装、大化布努瑶女装、田林三瑶女装、田东布努瑶女装、凌云背篓瑶女装。样本服装中一共有 10 套服装是大襟，全部为女装。部分支系的大襟门襟盖住的里襟采用衬布，长度到衣侧的开衩之上，如大化布努瑶女装（图 32）。

（四）琵琶襟

衣襟上下两端为对襟，一片中部突出，大于另一片。代表支系服装有贺州沙田镇土瑶男装、山子瑶男装（图 33）、巴马番瑶男装、凌云蓝靛瑶男装、田林三瑶男装。样本服装中一共有 5 套服装是琵琶襟，全部为男装。

由此可见，广西瑶族服装门襟主要以对开襟为主，大襟也占有 1/7。男装主要以对襟和琵琶襟为特有的门襟款式。荔浦盘瑶"门襟上的装饰绣布左右长短不对称，右襟上的绣片长于左襟，在实际穿着中，长的装饰右襟刚好搭上短的装饰绣布部分，这种施用精致耗时的绣工，节省一寸都是很有意义的"，[1]女装的门襟大都装饰绣布。这样的式样也是中国古已有之的。《礼记·深衣篇》注："名曰深衣者，谓连衣裳而纯采之者。"所谓纯，即施锦于领、袖的边缘，谓之"衣作绣、锦为缘"。锦缘厚重可构成服饰的整体框架，有利于服饰的稳定及穿用时贴体。[2]

三、衣袖

（一）按袖子长短分

广西瑶族服装的袖子按长短可分为以下四种：

（1）无袖。即没有袖子，衣式为马甲。代表支系服饰有茶山瑶（絮帽）女装和恭城盘瑶男装。

（2）短袖。广西瑶族中仅有白裤瑶女盛装是这样。在贯头衣的两侧用宽9厘米、长106厘米的布条围成极为宽短的袖缘，袖窿很大，以此为装饰效果，无实际用途。

（3）中袖。袖长及前臂中部。如龙胜红瑶女装、南丹白裤瑶男装等。

（4）长袖。袖长及腕或手，是最为常见的袖式。

（二）按袖口宽度分

广西瑶族服装基本上为窄袖。只有恭城莲花盘瑶的袖口很宽大，还有白裤瑶贯头衣的短袖极为宽短。

对每天辛勤劳作的瑶族人民来说，窄袖更适合双手的活动，同时也是对布料的节约。

四、衣摆

因为衣摆面积较大，位于整个人体服饰造型的中间位置，而且瑶族人民尤

1　刘瑞璞，何鑫：《中华民族服饰结构图考少数民族编》，中国纺织出版社，2013。
2　贾玺增：《中国服饰艺术史》，天津人民美术出版社，2009。

其喜爱用刺绣、镶拼等手工艺装饰门襟和衣摆，勾勒服装轮廓，增加服装的结构感。这些使得位于上衣底部的衣摆成为重要的装饰部位。

图34　融水白云花瑶女装

按下摆边缘线条形态来分，广西瑶族上衣下摆可分为直摆、圆摆和尖摆。广西瑶族男装下摆基本是直摆，女装也主要是直摆。此外有部分女装下摆为半圆形，即圆摆，圆摆的弧高一般3至5厘米，比如大化布努瑶女装（见图32）和凌云背篓瑶女装。另外还有部分瑶族服装的前摆是直摆，后摆为圆摆的。如山子瑶女装、金秀盘瑶女装和荔浦盘瑶女装，此结构的衣服，前摆宽度短于后摆，前衣也没有后衣的衣身长，类似清朝汉族女袄的结构特点，表现了瑶汉互融的影响。尖摆，在广西瑶族服饰中指的是前摆中间长、两侧短。中间长的部分形成向下的尖角，有向下的动感，一般下配齐膝的短裙，如融水白云花瑶女装（图34）。

根据广西瑶族服装的前后衣片长度来区分，大部分服装前后衣片长度一样，下摆线在一个水平线上。此外，有前短后长和前长后短的两种衣摆。前短后长的有山子瑶女装、金秀盘瑶女装和荔浦盘瑶女装，前后摆高度差不明显。比较明显的有田林蓝靛瑶的上衣和东兴花头瑶（图35），而且前摆左边和右边也有高度差，前摆的左右两边不在同一水平线。比如：东兴花头瑶女装的前下摆右边比左边的高度高出20厘米左右。

衣摆前长后短的有南丹白裤瑶贯头衣和融水白云花瑶、融水滚贝红瑶和龙胜同列花瑶。

像蓝靛瑶支系和花头瑶结构的衣服，通过改变穿着方式可以达到不同的效果。她们在穿着时左襟压过右襟，挡着右边下摆，这一巧思和部分支系的对襟上两边绣布长短不一的设计，有异曲同工之妙，都有节俭的意义。她们的后摆穿着时也是掖进腰带中，如那坡蓝靛瑶女装（图36）上衣前后高度看起来一致，而且更突出腰部曲线，突出女性臀部，同时双层布料的厚度在席地而坐的时候更为保暖，保护裤子不被磨损和弄脏，既有审美性又有实用性。

图 35　东兴花头瑶女装（下摆）　　　　　　图 36　那坡蓝靛瑶女装（侧面）

五、开衩和口袋

广西瑶族大部分上衣两侧都开衩，各别支系的服饰后摆也开衩，如融水花瑶男装、花蓝瑶男装。两侧开衩的设计遵循传统的形制，后摆开衩的设计方便瑶族人民劳作时身体的活动。

部分支系上衣外有口袋。口袋有贴袋、里袋和插袋。贴袋造型都为正方形。比如：土瑶男女装，宁明细板瑶、田林盘古瑶、背篓瑶、茶山瑶和番瑶这些支系的男装。这些有贴袋的服装主要集中在男装的立领对襟款式上衣，一般是位于前身下方有两个口袋。土瑶男女装和宁明细板瑶男装比较特别，分别有四个口袋，分布在前身的上下左右部位。立领对襟加口袋的设计，是瑶汉互相影响的结果。山瑶（银簪）女装和荔浦盘瑶，山子瑶女装和大化布努瑶女装是右侧里襟有一个口袋（图 37），巧合的是这两者都是立领大襟上衣。还有在右侧衣身侧缝里有插袋的，如荔浦盘瑶。

图 37　大化布努瑶女衣里襟

六、广西瑶族上衣平面结构特点

（一）广西瑶族服装结构保留古代传统形制

总体来看，广西瑶族所穿的上衣，基本是平面直线剪裁，以通袖线和前后中心线为轴线的传统十字型平面结构[1]。在我国漫漫五千年的历史长河中，这种平面十字型结构一直是服装结构的主流，而广西瑶族服装既有悠久的交领衽式，又有满清遗痕的立领大襟衣和琵琶襟上衣，更有原始的贯头衣。广西瑶族服装款式之丰富可以说是我国服装发展史的"活化石"。绝大部分支系服饰还是保留历史悠久的直领对襟的十字形平面结构。属于盘瑶系统的广西瑶族支系服装基本上保留了直领对襟的十字形平面结构。盘瑶支系是瑶族第一大支系，是瑶族的主体，因为该支系的服装较多保留了历史传统，所以也可以说广西瑶族服装较多保留了历史的传统（图 38）。

（二）广西瑶族服装结构体现民族交往的影响

立领结构和贴袋基本上是男装才有的特点，说明瑶族男子接触外界社会的机会比女子更多，服装也受外界影响更大。汉族传统大襟服饰集中在说汉

1　Bian Xiang Yang,Rong Ting.Sihouette and structure of Huatouyao women's dress: set Huatouyao women's dress in Naliang Town,Dongxing City,Guangxi as an example[C]// International Conference on Textile Engineering and Materials, China: Dalian, 2013: 685–693.

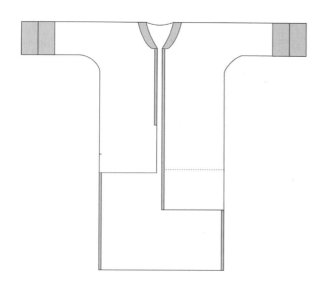

图38 东兴花头瑶（长衣）款式图

藏语系苗瑶语族苗语支（布努瑶支系）和经济较发达且受汉族影响较多的支系中，如平地瑶、番瑶、布努瑶、背篓瑶和木柄瑶，说明这些支系的人在历史发展过程中和汉族接触机会更多，并受其影响。

（三）语言和服装结构的关系

蓝靛瑶、花头瑶这两支瑶族支系虽然处在不同地域，但是他们的语言都属于汉藏语系苗瑶语族瑶语支的荆门土语。在服装款式结构上，两者有共同点，比如：都是翻领，而且所有广西瑶族支系中只有她们的服饰领子是翻领的；袖口处都有色布或花布镶拼；领口上都有丝穗状装饰物；穿着时，前后下摆都掖入腰带中。所以，虽然这两只支系不同，但是语言和服装款式的相似度可以作为推测两者在历史上有渊源关系的依据。而且这样的特点也是全国各地甚至是越南地区蓝靛瑶支系在服装款式结构上的共同特点，头饰和装饰虽然有些许变化，但是无论该支系迁徙到何处，都保持上衣款式结构的特点。所以服装款式结构是蓝靛瑶支系（或是操瑶语支荆门土语的瑶族支系）最为鲜明的特征。由此可见，语言与服装结构关系之密切。

七、结语

单就上衣的结构，广西瑶族服饰显示出其丰富的内涵和历史积淀，而且，瑶族服饰的款式结构是区分瑶族不同语言支系的重要特征之一。这一方面说明了研究少数民族服装时，关于服装的平面结构是一个需要逐步重视起来的部分。另一方面说明了服饰作为一种物质文化，绝对不能重"道"轻"器"离开物质去谈形而上的东西，对物质文化的研究，首先要回归物质本身。

瑶族语言与瑶族服饰的关系探讨
——以广西瑶族服饰为例

容婷

以往关于瑶族服饰的研究多从服饰与文化、技艺、非物质文化遗产保护等方面入手，研究方法和理论大部分源自民族学、人类学、艺术学等学科。本文试图结合语言学和服装学的知识，探讨语言与民族服饰之间的关系。

一、研究对象及研究方法

本文以广西瑶语支系的瑶族服饰作为研究对象。因为语言属于瑶语支系的瑶族人口群体占全世界瑶族人口的绝大多数，其文化也具有典型性，其中广西瑶族人口也占瑶族人口的 60% 以上，研究对象具有代表性，研究结论相对来说更具价值。

瑶族支系众多，现在学界一般以"他称"来称谓各瑶族支系。"他称"是瑶族之外的人们对瑶族的称谓，所以存在同一个瑶族支系有几个不同"他称"的情况。"自称"则是瑶族人自己对自己的称谓，不同"他称"的瑶族支系有可能与"自称"相同。"瑶族的自称，根据语言普查的结果，共有 28 种不同的称谓。其中称棉（育棉）、门（吉门）为最多，占瑶族人口的 70% 以上，遍及南方 6 省（区）……瑶族这种自称的复杂情况，和他们日常使用语言的差异有关。自称相同，语言相同或相近；自称不同，语言就有差异。"[1] 在此，以"自称"来划定广西瑶族各支系相对于"他称"而言更为准确，也就是从语

1　李默：《瑶族历史探究》，社会科学文献出版社，2015，第 66 页。

言的角度来进行瑶族支系的划分。但是在对瑶族服饰进行研究时还是以约定俗成的"他称"来命名，例如：自称"荆门"（或"金门"）的瑶族有三个支系，他称分别为"蓝靛瑶""山子瑶""花头瑶"，分析服饰的时候称其为蓝靛瑶服饰、山子瑶服饰和花头瑶服饰，但是在总结服饰特征时，把三者都归为绵荆方言荆门土语的瑶族支系下分析，如此才能体现出语言与服饰的关系。

语言学中将语言系统分层次归纳：第一层次是"语系"，第二层次是"语族"，第三层次是"语支"。瑶族语言属于汉藏语系苗瑶语族，其中包括四个语支：瑶语支、苗语支、侗水语支和汉语方言支系。本文的分析，基于"语支 — 方言 — 土语"这三个层次。一种"语支"下包括几种"方言"，一种"方言"下面包括几种"土语"。根据语言的不同来归纳总结不同语言各支系的典型装扮形象，"自称"相同（语言相同）的支系归为一类分析，这里"自称"相同的瑶族支系，就是"土语"这一层次相同的瑶族支系。如此归类，便于观察分析语言与瑶族服饰之间的关系。

二、广西瑶语支系瑶族的典型装扮形象

勉语是汉藏语系苗瑶语族瑶语支自称 [mjen^{31}] 的瑶族语言，也是瑶族中使用人口最多的一种语言。一般语言学书中谱系分类所称述的瑶语多半是指勉语而言。[1] 属瑶语系统的瑶族自称为 [mjen^{31}]（勉）或 [ju^{31}mjen^{31}]（优勉）。[2] 瑶语支的瑶族人口最多，分布最广。按照语言划分，广西瑶语支系下面分为三个方言支系：绵荆方言、标交方言和藻敏方言。其中绵荆方言包括荆门土语、尤绵土语和标曼土语；标交方言包括标敏土语和交公绵土语。操藻敏方言的瑶族分布在广东省，在此不讨论。讲交公绵土语的瑶族装扮形象，因文献资料缺乏和尚未进行相关田野调查，暂时不做深入讨论。

（一）瑶语支绵荆方言荆门土语的瑶族支系装扮形象

广西境内操绵荆方言荆门土语的瑶族支系有蓝靛瑶、山子瑶、花头瑶，他们自称"荆门 [kim^{33}mun^{33}]""甘迪门 [kem^{53}di^{35}mun^{21}]"，主要分布在广西的

1　毛宗武：《瑶族勉语方言研究》，民族出版社，2004，第 1 页。

2　毛宗武：《瑶族勉语方言研究》，民族出版社，2004，第 7 页。

田林、凌云、金秀、百色、那坡、西林、上思、防城港区和凤山等17个县市（区）。

　　从表3中的装扮分析得出，瑶语支绵荆方言荆门土语的瑶族支系装扮形象共同之处是有粉红色或彩色流苏装饰于领下，服饰上刺绣装饰很少，整体色彩较为素雅。荆门土语支系瑶族有一个区别于其他瑶族支系的特点就是女装品类里面没有围腰。蓝靛瑶与花头瑶女上装款式和着装方式一致，皆为翻领对襟长袖异形长衣，穿异形长衣时，前后下摆的一角打折成三角形披入腰带。花头瑶与山子瑶的下装一致，皆为短裤和绑腿。自称相同的蓝靛瑶和花头瑶服饰更为接近，两者的服装款式和着装方式一致，区别是胸前的流苏装饰材料不同，蓝靛瑶是粉红色的丝线，花头瑶是彩色串珠制成；还有下装的不同，蓝靛瑶下装皆为长裤，花头瑶为短裤和绑腿。从地理位置上看，蓝靛瑶主要集中居住在桂西北一带，花头瑶居住在桂西南，都属于广西西部靠近云南和越南的山区，而山子瑶则居住在桂东北的山区，人口总数不多。值得注意的是山子瑶女装的大襟和男装的琵琶襟都有满清服饰遗痕，都不是瑶族传统的服装款式，说明在其服饰发展历程中，受周边汉族影响较大。

　　这三支瑶族支系虽然都属荆门土语，但是地理位置相距甚远，自称也不一样。自称相同、地理位置相近的支系，服饰装扮形象更为接近。人数较少的支系山子瑶容易受到居住地周边民族的影响，服饰上有受其文化涵化的表现。

（二）瑶语支绵荆方言尤绵土语的瑶族支系装扮形象

　　广西境内操绵荆方言尤绵土语的瑶族支系有过山瑶、盘古瑶、盘瑶、大板瑶、土瑶、细板瑶。他们自称"[mjen^{31}]（勉）"或"[ju^{31}mjen^{31}]（优勉）"。主要分布在广西的金秀、龙胜、融水、贺州、田林、防城港区等34个县市（区）。

　　瑶语支绵荆方言尤绵土语的瑶族支系装扮形象共同特点是女装上衣款式基本为直领（部分立领）对襟长袖中长衣（部分长衣），穿着时两襟相交腰带系之、下装为长裤；服装上刺绣装饰面积大，纹样种类丰富，色彩鲜艳，喜爱佩戴银饰。有自称"土优"的土瑶女装是对襟，两襟盘扣纽系，自称"谷岗尤"的平地瑶女装则是大襟衣。无论色彩、纹样还是装饰工艺，该支系瑶族服饰是所有瑶族支系中最为华丽的。而且这一支系的瑶族，在广西境内的分布区域最广，除了广西中南部较少分布，其他地区皆有尤绵土语的瑶族分布，且人口数量占据整个瑶族人口的一半以上。尤绵土语的瑶族支系服饰刺绣工艺之精湛代表了瑶族服饰工艺的最高水平，而丰富的纹样类型记载了瑶族的历史文化，整体装扮华丽隆重，可以说尤绵土语支系瑶族的服饰就是瑶族服饰的典型代表（表3）。

东山瑶人口不多，居住在广西与湖南交界的山区，上衣款式为右衽大襟，刺绣纹样不是瑶族传统的纹样，针法也不是瑶族传统的挑花，而是平绣。可见在长期的民族交往中，东山瑶服饰也受到汉族的影响。

表3　瑶语支绵荆方言荆门土语的瑶族支系装扮形象参考照

蓝靛瑶（女装和男装）	花头瑶	山子瑶（女装和男装）

左上图：雷韵提供 右下图：引自《民族的记忆》第112页		金秀瑶族博物馆藏

总体来说，瑶语支（即操勉语的盘瑶支系）的整体服饰搭配为上衣下裤或上衣下裤＋绑腿这两种方式。头服涵盖所有类型，花头瑶、盘瑶和盘古瑶女性有胸兜。配饰丰富精美，装饰配色以大红色为主、黄色、粉红色其次，蓝色、白色做镶边等点缀。

具体到操不同方言土语的支系服装也有各自的特点。

（1）荆门土语支系（蓝靛瑶、山子瑶、花头瑶）：上衣多为"异形"（衣襟右前片比左前片短30厘米左右），着装时把左下摆折出三角形再掖入腰带。三个支系女装领子下面均用鲜艳的红色、粉色串珠或流苏做装饰，服装上的装饰用色面积不大，一般仅在袖口、裤口用蓝色或红色的条状色布镶边。蓝靛瑶和花头瑶的领子皆为翻领，上有红黑两色的几何刺绣纹样。服饰配饰较少，整体装扮形象相对尤绵土语支系瑶族而言更为朴素。

（2）尤绵土语支系（过山瑶、盘古瑶、盘瑶、大板瑶、土瑶、细板瑶）：下装基本上为长裤或中裤，较少着绑腿。上装品类最多，多数支系都围围腰，部分盘瑶和过山瑶服饰有垫肩和披肩。盘古瑶、细板瑶和融水盘瑶妇女服饰有镶饰银牌扣和银星的胸兜。配饰种类多，且喜戴银饰。服饰装饰用色在瑶族中最为显眼，以红色用得最多，其次是黄色等暖色调，蓝色和白色也是常用的装饰色彩。装饰面积大，尤其是领襟、袖子、裤子、围腰、衣服下摆等处，刺绣面积占据服装三分之一甚至一半的面积。身体装扮形象在瑶族中最为华丽隆重。

（3）标曼土语支系（坳瑶）和标敏土语支系（全州东山瑶）：整体形象相较尤绵土语支系瑶族更为朴素，仅在领襟、袖口、绑腿处有刺绣装饰。

结合历史迁徙路线，可以得出地理、语言和服饰的关系，即同一方言支系的瑶族，其装扮形象较为接近，尤其是"自称"相同的瑶族支系服饰形象最相似，且居住地越靠近则服饰越相近。人数较少的支系容易受到居住地周边文化更为强势民族的影响，服饰上有文化涵化的表现。

瑶语支中语言属于绵荆方言的瑶族支系人口在世界瑶族人口中最多，分布最广。其中"操勉话（即勉方言）的瑶族人数多，分布广，全国有瑶族居住的100多个县份里几乎都有说勉话的瑶族，中华人民共和国成立前他们很少来往，但习俗、语言变化不大，单就其语言而言，除小部分在语音上有些变化，词汇稍有不同，通话稍有困难外，大部分都保持着相当大的一致性，可以随心所欲畅谈无阻。这部分瑶族广西最多，湖南次之，江西最少。"[1] 所以，这些语言和习俗变化不大的瑶族支系，在装扮形象上也保持高度的一致。这样的状况在蓝靛瑶支系上也较为明显。盘瑶和蓝靛瑶作为人数最多、分布最广的瑶族支系，其服饰基本代表最典型的瑶族服饰。

三、语言与瑶族服饰的关系

学者姚舜安在《瑶族迁徙之路的调查》中根据收集的相关史料得出盘瑶支系的邓姓迁徙路线：

"湖南千家峒——广东乐昌——广西平乐府贺县、富川——荔浦——昭平——柳州——三江和融县——罗城——天峨——凌云——田林——云南文山——河口——越南——老挝——泰国"[2]。

他还指出"因为瑶族迁徙是举族迁徙，一个寨子的几姓是同时移动，某一姓迁往他处，其他姓氏随后迁去。邓姓是盘瑶的大姓。所以邓姓的迁徙路线，基本反映了盘瑶的迁徙路线。"[3]

现选取这条盘瑶迁徙之路上的瑶语支绵荆方言尤绵土语的部分瑶族支系女装作对比分析：

从表4可看出，自称"勉"的盘瑶支系女装共同特征为两襟穿着时敞开，露出胸饰（镶有数枚长方形银牌的长方形胸兜或是红色丝线和黑白色串珠制成的"金碰"）；都围绣花围腰；袖口、裤脚和衣襟有大面积挑花纹样装饰。自称相同、居住地不同的盘瑶装扮形象也有差异，作为与表5世界范围内瑶语支绵荆方言尤绵土语的瑶族支系装扮形象比照的对象，广西贺州和荔浦两个地方的过山瑶、盘瑶女装的头饰都呈圆锥状，广东连南过山瑶和贺州过山瑶颈脖上都披挂有镶长方形银牌的装饰布条，两者与广东连南过山瑶形象最为接近，田林盘古瑶、云南河口红头瑶和越南红瑶，三者在装扮形象上也最为接近，都有镶饰数枚长方形银牌的胸兜，左右前襟都有长条绣花装饰片缝在襟边，且绣片周围用红色绒球镶边。

1　毛宗武：《瑶族勉语方言研究》，民族出版社，2004，第11页。

2　姚舜安：《瑶族迁徙之路的调查》，民族研究，1988（3），第80页。

3　姚舜安：《瑶族迁徙之路的调查》，民族研究，1988（3），第80页。

表 4　瑶语支绵荆方言尤绵土语的瑶族支系装扮形象参考照

过山瑶（女装和男装）	盘古瑶（女装和男装）	盘瑶（女装和男装）

左图：中国瑶族博物馆藏 右图：金秀瑶族博物馆藏	左图：引自《民族的记忆》第 112 页 右图：金秀瑶族博物馆藏	金秀瑶族博物馆藏
大板瑶（女装和男装）	土瑶（女装和男装）	细板瑶（女装和男装）

中国瑶族博物馆藏	金秀瑶族博物馆藏	左图：引自《民族的记忆》第 113 页 右图：引自《广西少数民族服饰》第 186 页

表 5　世界范围内瑶语支绵荆方言尤绵土语的瑶族支系装扮形象

贺州过山瑶	荔浦盘瑶	昭平盘瑶	融水盘瑶	田林盘古瑶

中国瑶族博物馆藏	金秀瑶族博物馆藏	广西民族博物馆藏	中国瑶族博物馆藏	《民族的记忆》第 112 页

云南河口红头瑶	越南红瑶	广东连南过山瑶

《云南民族服饰》第 59 页	中国瑶族博物馆藏	

"从历史来源看，广西的瑶族不论何种支系，从本族的族谱、《过山榜》和传说来考察，多数都说来自广东……这从文献、语言和姓氏方面都得到旁证……广东的连州、韶州和罗旁山区，是历史上著名的瑶族地区；在语言上，盘瑶支系'勉语'的汉语借词早期多采自粤方言，后期才较多采用西南官话。"[1]从地理位置来看，贺州和荔浦都地处广西东北部且距离广东最近，从迁徙的顺序看，盘瑶从广东迁徙进入广西"第一站"就落脚于贺州地区，而贺州地区过山瑶又和广东连南过山瑶女性装扮形象接近。田林盘古瑶、云南河口红头瑶和越南红瑶，这三者的地理位置也较为接近，田林在广西西北，西部与云南文山接壤，文山西南接河口，河口南部是越南。根据史料记载，直到宋元时期，湘粤桂交界的广大山区仍然是瑶族重要的居住区域。但是，到了明代，统治阶级对瑶族采取镇抚结合的统治政策，在招抚和镇压下，居住在粤北一带的瑶民逐渐往广西东北部迁徙。

　　据推测，因为从广东迁徙进入广西的第一站是贺州地区，故这一带的过山瑶服饰最大程度上保留了原先粤北瑶民服饰的特色。随着时间的推移和迁徙的继续，瑶民会对自己的服饰在保留整体特色不变的前提下，做出一些改变。比如：田林盘古瑶、云南红头瑶和越南红瑶，依旧保持了盘瑶支系喜爱色彩鲜艳的挑花装饰和强调胸前部位的装饰的特点，但是胸前的装饰不是广东连南过山瑶和昭平盘瑶那样的红色"金碰"，而是在胸兜上镶饰数枚长方形银牌。他们的头服也不再是圆锥状，而改为包缠式。另外，融水地区盘瑶的围腰是飘带形，形似裙子，而且服饰的面料是"亮布"，这两点和居住在其周边的苗族侗族女装有相似之处。总之，通过对不同地区的自称相同的盘瑶支系女性装扮形象进行对比分析得出：语言一致的瑶族支系，其装扮形象最为接近，居住地越靠近则服饰越相近。人数较少的支系容易受到居住地周边文化更为强势民族的影响，服饰上有文化涵化的表现。

　　曾有学者提出"有着相同语言系属的民族的生活地域基本是集中的"[2]，结合广西瑶族的"大分散、小聚居"分布格局来看，语言属于瑶语支的瑶族支系，主要集中在桂北、桂东北、桂南、桂西北一带。在语言分布较为集中的区

1　刘耀荃：《中国瑶族支系及人口分布》；选自马建钊：《岭南民族研究文集》，广东人民出版社，2010，第55页。

2　杨鹓：《背景与方法——中国少数民族服饰文化研究导论》，贵州民族学院学报（社会科学版），1997（4），第38页。

域内的瑶族支系服饰形象最为相似，比如勉语支系瑶族分布在贺州地区，该地区主要为盘瑶和过山瑶，这两个支系的服饰装扮就十分接近。

人口较少的瑶族支系，和汉族或其他支系的瑶族杂居同一地域内，其服饰会受到对方的影响。广西"各地瑶族多以村屯为居住单位星散于汉族、壮族之间，有些村屯连成一片的基本上都建立了瑶族乡。在一个相当于县的境界内，有几个或十来个瑶族乡的聚居区，一般都建立了瑶族自治县，居住集中与分散同使用本民族语言的关系十分密切，居住集中使用本民族语言的机会多，居住分散的与其他民族接触多，使用本民族语言的机会相对少一些，这是近乎寻常的道理"[1]，经过长期的民族交往，分散居住的人口较少的瑶族支系，语言和服饰都会受到周边文化和生产力更强、人口更多的其他民族影响。比如山子瑶、花蓝瑶、坳瑶、茶山瑶和平地瑶等，尤其是茶山瑶和平地瑶，茶山瑶受周围壮族、侗族的影响，语言为侗水语支，服饰上也有壮侗语民族服饰的痕迹；富川一带的平地瑶与汉人杂居，受到汉族的影响，语言属于汉语平话方言，服饰款式也有清代汉族服饰的印记。

四、结语

"一种语言实际上就是一个经验世界，一种语言的消失也就是一种智慧和一种文化的消失。"[2] 在长期的历史发展中，瑶族没有本民族文字，而文化的产生和发展关键靠语言，瑶族的文化就靠口传心授，尤其是服饰的制作，口授技法，必定用到各自的语言，如果语言改变了，文化也自然会跟着改变，如富川平地瑶服饰的汉化就是最好的例证。

广西瑶族各支系服饰各具特点，但说同一方言土语的瑶族支系，在服装、配饰和服饰色彩等装扮形象上皆有类似之处，其总体特点都是上衣是传统的十字形平面结构，即平面直线剪裁以通袖线（水平）和前后中心线（竖直）为轴线的十字形平面结构。对于广西瑶族服饰而言，语言差异与服饰差异趋同，居住地越靠近的两个支系的服饰装扮形象越相似，人口较少的支系与另一个人口较多，文化且经济更强的族群杂居，则在服饰上更容易受其影响。也正因为广西瑶族语言差异和服饰差异趋同，所以在今后对瑶族服饰研究中可将语言差异作为服饰装扮类型划分的依据背景。本文关于瑶族语言和瑶族服饰的研究结论，也可为其他少数民族服饰研究提供研究角度和方法的参考。

1　毛宗武：《瑶族勉语方言研究》，民族出版社，2004，第8页。

2　周振鹤，游汝杰：《方言与中国文化》，上海人民出版社，2006，第150页。

贵州安顺市镇宁县布依族女性穿裙类服饰形制分析

卞向阳，姚晨琰

一、镇宁地区布依族服装类别概述

　　镇宁是少数民族的自治县，隶属安顺市，位于贵州中部地区。这个地区布依族女性服饰的区域类型主要是根据各地妇女服饰的特点来划分的，总体可分为两大类型，即裙装和裤装。以六马为中心的南部几个乡镇属于第一土语区，这里的女性多穿裤装，而在以募役和扁担山为中心的中北部的第二、三土语区，则更加流行穿裙装。相对于裤装而言，镇宁布依族女性服饰中的裙装显得格外华丽端庄，其展现出来的不仅是造型生动、形式优美、色彩艳丽，更多地是充当着一种文化的传播媒介，比文字更能直观地展现文化信息。布依族女性通过运用各类复杂的手工艺，如蜡染、织锦、刺绣等完成的一件件裙装堪称艺术品，汇集了她们的聪明才智和艺术才华。目前，镇宁布依族苗族自治县中主要有两类与裙配伍的服饰：盘辫型服饰与拱桥型服饰。

二、盘辫型服饰形制分析

　　盘辫型是镇宁第三土语区的代表性服装，尤其以扁担乡一带为典型，而整个布依族第三土语区穿裙的服饰基本类似，所以人们大多也称其为扁担乡式服饰，遍及贵州镇宁、普定、关岭、紫云、六枝等县。现今，这一地区只有少数老人在日常生活中还身着裙装，而大部分女性是将其珍藏在家中，为出席重大活动时穿着。

盘辫型服饰主要有两款，下身分别是花裙和红裙，相对应的上衣也分花衣和锦衣两种。这两款上衣和裙子是不能混搭穿的，花衣花裙属于日常生活装，而锦衣红裙一般只有出席盛大活动，如婚嫁丧葬、节日庆典的时候才会穿着。我们在舞台上看布依族的舞蹈时常会看见锦衣搭配花裙的现象，锦衣自然是更加华丽，舞者为了节目效果会采取这样的做法，但其实这种穿搭是错误的。盘辫型服饰所戴的头饰也有两种，分少女头饰和妇女头饰，女性婚前婚后所穿的服饰是一样的，唯一不同的是婚前盘辫，婚后戴"干考"（表6）。

　　盘辫型服饰中的裙子是百褶裙，布依族日常花裙由两层布缝制而成，白色粗布腰头，两端均有长条系带，穿着时绕腰部两周，底层为蜡染青色布，表层分为三段，最上部分的裙头是素色靛蓝布和蜡染装饰带，下缘接整块方点蜡染纹的裙身。红裙也是由两层布缝制而成，底层是蜡染青色布，表层裙头是蜡染图案，裙身是整块的百褶土红色布，还有一处很特殊的地方是红裙在裙中接裙身的地方有一条弯曲的红丝线穿插其中，这条红丝线的名字叫"独圆总"（音译），据说它在裙头和裙身之间代表着布依族部落的疆界线，这两款裙长约为86.5厘米，裙长及地（图39）。

　　盘辫型服饰中的上衣分为花衣和锦衣，它们之间的区别在于袖子上的装饰，日常生活穿着的花衣袖子上均为蜡染段，而锦衣最大的装饰即为织锦，锦

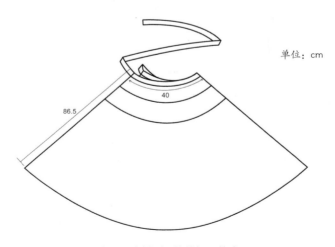

图39　盘辫型服饰的裙子款式

表6 镇宁县盘辫型服饰款式

花衣（正）	花衣（背）	锦衣（正）	锦衣（背）
花裙（正）	花裙（背）	红裙（正）	红裙（背）
围腰	未婚少女头饰"昌罢"	已婚妇女头饰"干考"

注：图片为笔者实拍

衣又分一锦、二锦、三锦，主要根据袖子上的锦段数量区分，其代表的身份也逐一递增。一锦衣的袖子上缝制了一段织锦，两段蜡染带，织锦位于袖子中间，蜡染带分别在两边，这类锦衣最为常见；二锦衣的袖子上缝制两段织锦，一段蜡染带，蜡染带位于袖子中间，两边各一段织锦，二锦衣较一锦衣更显身份，在以前只有贵族妇女可以穿着；三锦衣顾名思义就是袖子上缝制了三段锦带，这也是所有锦衣中最贵重的一种。袖子上的蜡染段或织锦段宽度在 13 ~ 16 厘米之间。

除此之外，花衣与锦衣的形制大致相同，衣长约 56 厘米，胸围宽约 120 厘米，肩袖长约 75 厘米，袖口宽约 21.5 厘米，上衣两侧开叉高约 18.3 厘米（图 40）。

领口的装饰条是由不同颜色的丝线织成图案后包边制成，约为 7.3 厘米。整条锦带分为三段，后领一段，约为 30 厘米，左右领各一段，约为 30 厘米，长及腹部，不延伸至下摆的原因是在穿着时下半部分会被围腰和腰带遮挡住，为了节省成本，故采取这样的长度。因为布依族古今男女着装习惯都是右衽，所以在旧时布依族人民为了节省成本，还将压在下面的领段采用蜡染布条制作，图案几乎与织锦带相似。现如今笔者所找到的大部分盘辫型裙装的上衣左右领襟均为织锦（图 41）。

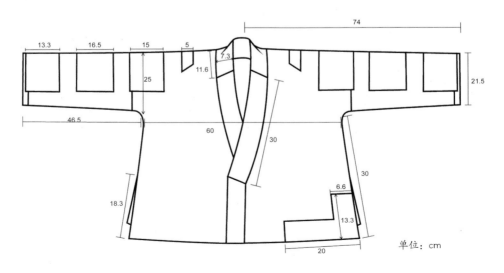

图 40　盘辫型服饰的上衣款式

围腰是南方少数民族常用的配服，在盘辫型服饰中也不例外。它一方面用于在劳作时保护衣服的干净整洁，另一方面也是为了装饰作用，传承布依族的文化内涵。扁担山式的裙装围腰用的是蜡染青色土布，土布四周拼接了织锦和绸缎，为了让朴实无华的土布看上去更加华丽。围腰上端靠近胸部的地方选用了织锦装饰，宽约 7.3 厘米，与上衣左领装饰带几乎完全相同，围腰两侧及下端里侧的装饰带较窄，约为 2.3 厘米，与上端织锦带图案色调统一但图形不同。外围拼接绸缎装饰带。最宽的是围腰下沿的织锦带，一般定为 4 ~ 5 寸，即 13 ~ 16 厘米。围腰上端的项带通常是刺绣装饰带，布依族的老人说过去也曾经有银质、铜质等项带，但发展至今，普遍使用省时省力的机织绣花带。围腰的飘带以绸缎制成，尾部刺绣三段图纹，末端装饰彩色流苏，每根流苏的顶端要串上 2 ~ 3 颗珠子（图 42）。

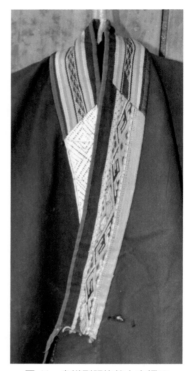

图 41　盘辫型服饰的上衣领口

　　扁担乡式服装所配的头饰分为已婚和未婚两种。未婚少女佩戴织锦头帕，布依语中称"昌罡"（音译），底层由数层镶花边的方形白棉布压制成半月形模状，以便于女性嵌套在头发上，表层则由两层四四方方的靛青土布盖在模子上，长约 40 厘米，宽约 25 厘米。两端分别装饰有织锦带。[1]女子佩戴时将头发编成粗辫子绕在头帕外围，将其固定在头上，现如今由于少有女子留着及地长发，但传统不可变，所以在头帕外围缠绕的是布依人自己制作的假发辫。已婚妇女所佩戴的头饰称为"干考"（音译），也就是人们常说的戴假壳。所谓的干考是用竹笋壳做成的骨架，形状前端宽而圆，后端窄而方，尾部上翘半寸，外部用青布包裹起来缠绕成撮箕状，再在上面盖上织锦头巾，这个头巾与未婚女性所戴的头巾基本是一样的。

1　杨芝斌：《盛开在黄果树瀑布周围的鲜花——简介布依族妇女的服饰》，西南民族大学学报（人文社会科学版），1984（2），第 99–101 页。

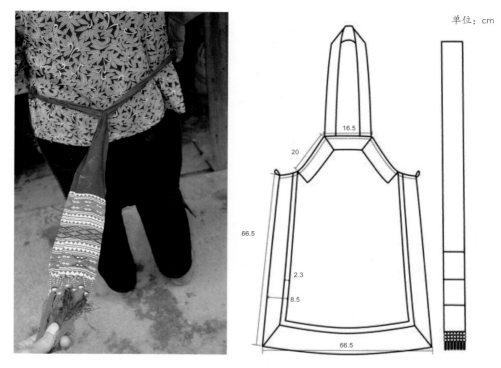

单位：cm

图 42　盘辫型服饰的围腰

三、拱桥型服饰形制分析

拱桥型又称凤凰头，拱桥型服饰指需要梳着凤凰头所穿戴的一类特定裙装服饰，这类服饰独具地方特色，唯镇宁的募役、江龙、沙子、马厂、黄果树、城关，关岭的八德、断桥，西秀区的新场、鸡场等乡镇穿戴。拱桥型裙装基本特点是细腰短衣，斜襟右衽，百褶长裙。根据面料来看，主要分为棉布拱桥型服饰和缎面拱桥型服饰两类。这类服装在款式上基本相同，棉布主要是以青色为主，缎面则通常选用酱红色绸缎来制作，更加华丽高贵，一般是女性在重大活动时穿着的服装（表7）。拱桥型的服饰上以刺绣花草纹为主要装饰，相对于织锦和蜡染更加方便创作，图纹变化易于发挥，没有严格规定。

拱桥型服饰与盘辫型服饰一样，也是搭配大摆及地的蜡染百褶长裙。裙长约90厘米，由两层布缝制而成，白色粗布腰头，两端均有长条系带，穿着时绕腰部两周，底层为红、青色拼接土布，表层分为两段，最上部分是红色裙头，

表 7　镇宁县拱桥型服饰款式

棉布上衣（正）	棉布上衣（背）	棉布围腰
缎面上衣（正）	缎面上衣（背）	缎面围腰
裙子（正）	裙子（背）	头饰（头巾、布带、银碗）

腰间飘带

注：图片为笔者实拍

宽度约为 14 厘米，下缘接蜡染布的裙身，裙身排满圆点图案，由小白圆点组成方形边框，方形中间是一个大圆，寓意儿孙满堂（图 43）。

　　拱桥型服饰的上衣腰窄摆宽，身长约 61.5 厘米，胸围宽约 90 厘米，肩袖长 63～67 厘米，袖口宽约 16 厘米。袖、领、襟、前后摆均装饰了花草纹样的刺绣带（图 44）。两边衣袖，每条拼有三段（绿、红、白）宽约 10 厘米的花草纹样缎子布。整条领分为三段，颈部一段为白色绣花布，宽约 5 厘米，底端绣八条彩带绕颈一圈，在胸前两边均以鱼形环圈结尾。左右两段领自鱼尾处而下装饰花草、鱼鸟等纹样绣段，整条领子边缘装饰黄、蓝、绿、紫、红五色彩条，布依语叫"令呷"（音译）。前后摆常装饰七色彩条图案，布依语称"以红"（音译），意为七色太阳光。围腰与上衣的样式相匹配，棉布上衣搭配棉布围腰，围腰款式相对简洁，上窄下宽，长约 76 厘米，上端腰围约 52 厘米。青布为底，上端拼接倒梯形格纹布依布，两边系带，也有的围腰为了更加精致，在周围装饰一圈窄窄的绣带。绸缎上衣搭配缎面围腰，长约 70 厘米，宽约 40 厘米，呈长方形。四周均镶花草刺绣装饰条，上端图案较宽，约为 13 厘米，两侧图案宽 4～6 厘米，与衣服配合装饰性极强，下端接串珠流苏，背后系绣花绸缎飘带，其与盘辫型裙装中飘带形制基本相同。有的缎面绣花围腰中间还镶着丰富的扎染图案，寓意丰富，更加生动。

　　拱桥型的头饰繁复端庄，同样也分为未婚头饰和已婚头饰两种，未婚头饰组件包括棕树皮制作的拱桥、头巾、包带、发簪。布依族未婚女子梳高头，

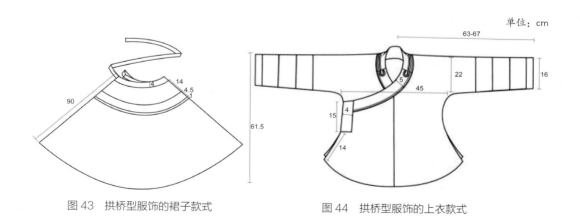

图 43　拱桥型服饰的裙子款式　　　　　　　图 44　拱桥型服饰的上衣款式

盘的拱桥髻一般是由一块五尺长的织锦头巾包着拱形椰树皮，工艺十分复杂。包椰树皮的织锦头巾上用红、黄、蓝、青、紫等彩色丝线绣着鱼鸟纹、人纹和刺梨花等，鸟与鱼都是布依族的图腾，常变形后用于织锦刺绣的图案中。两鬓对称包缠着绣花包带，从额前绕过，包带两侧是长方形的花草刺绣纹样。发簪竖直斜插在额前的拱桥髻上，发簪一般长约 50 厘米，如小拇指一般粗细，在古代由牛骨制成，所以也称"骨签"，近代则多为纯银打造。这根发簪除了作为未婚女性的头饰外，还可以作为她们日常防身的器具。已婚女性与未婚女性头饰唯一的区别在于将额前发簪取下改为在发髻后镶嵌银碗，银碗碗口直径约 9 厘米，总高约 18 厘米，碗底有近似太阳光芒的太阳纹，碗中心吊着两尾小鱼，随人的走动而敲击碗壁，叮咚作响，玲珑雅致。

四、穿裙类服饰形制对比分析

两类与裙配伍的服饰最大的区别在于其头饰的变化，也因此界定了镇宁布依族服装的两种类别，这在前文已经详细解释过，表 8 进行了简单总结。两类服饰中的裙子都是大摆及地的蜡染百褶裙，形制上基本一样，唯独蜡染的图案不同。上衣、围腰形制上则有较大的差异。两款上衣虽然同为左衽斜襟，但是盘辫型服饰的上衣两襟在胸前处交叉，呈现"x"型交叠，于右腰前部系带，而拱桥型服饰的上衣则是由左襟一直压至右腋下，呈"y"型，于右腋下系带。盘辫型服饰的上衣版型宽松，胸腰差较小，而拱桥型服饰的上衣有明显的腰线。盘辫型服饰上衣下摆平直，袖子宽大，拱桥型服饰上衣下摆呈圆弧形，相比之下袖围更加贴合人体，袖口较窄（表 9）。

盘辫型服饰的围腰与拱桥型服饰的围腰从穿着形态上来看也是有着本质区别的，盘辫型服饰的围腰为挂脖系腰的梯形款式，上窄下宽，长自胸部至小腿，下摆接近弧形，有织锦或绸缎的装饰。拱桥型服饰的围腰均长自腰部至小腿，无项带，两侧连接飘带，系于腰部。其中棉布围腰的腰部打褶，上窄下宽，同为弧形下摆，却无特殊装饰；缎面围腰几乎呈长方形，上下同宽，下摆平直，有花草刺绣和串珠装饰（表 10）。

表 8　镇宁县盘辫型服饰及拱桥型服饰形制对比分析——头饰

	实物图	款式图	部件	造型特点
盘辫型头饰（青年）		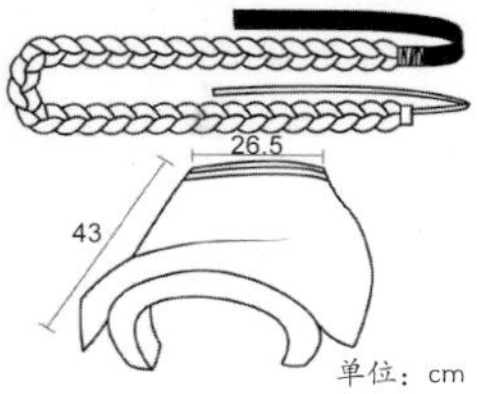 26.5 43 单位：cm	假发辫、头帕（银饰）	盘粗辫
盘辫型头饰（老年）		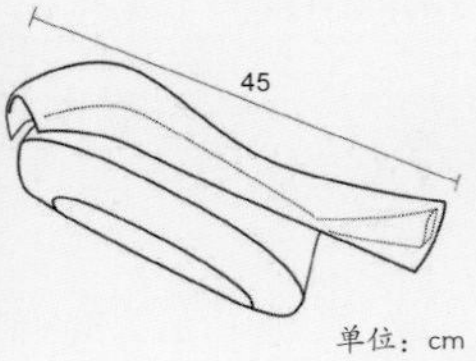 45 单位：cm	更考、头帕（银饰）	假壳：前宽后窄，尾部上翘
拱桥型头饰（未婚）		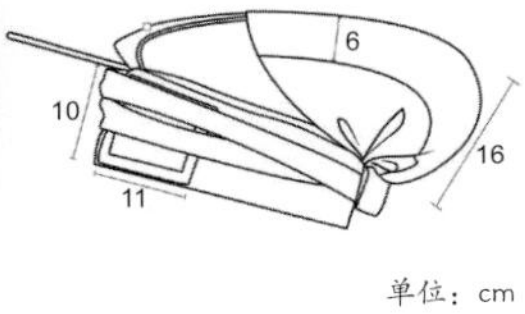 6 10 16 11 单位：cm	发簪、椰树皮、蜡染布带、织锦帕（银饰）	拱桥髻、额前垂直插入发髻
拱桥型头饰（已婚）		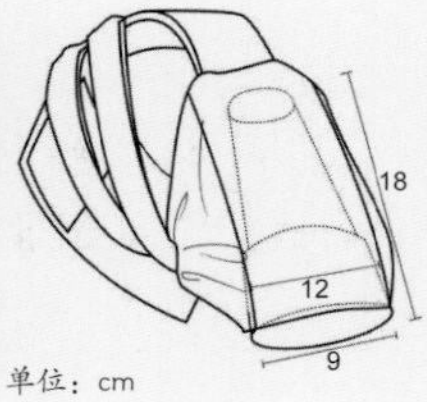 18 12 9 单位：cm	银碗、蜡染布袋、织锦帕（银饰）	拱桥髻、发尾末端镶嵌银碗

注：图片为笔者实拍、自绘

五、结语

　　镇宁布依族苗族自治县中主要有两类穿裙的服饰：盘辫型与拱桥型。这两种类别是根据其头饰的变化而界定的。对比来看，两类穿裙的服饰各有特色，盘辫型主要流行于镇宁、关岭、普定、六枝等县，其图案曾印在人民币 1980 年版的贰角纸币上，可以说是布依族比较有代表性的服饰，整体款式包括花衣（锦衣）、花裙（红裙）、围腰、飘带、头饰。头饰分为青年女性头饰和老年女性头饰，青年女性戴头花帕，外缠假发辫；老年女性戴"干考"，状如撮箕，有重大节日的时候，佩戴银首饰。版型较为宽松，端庄华丽。拱桥型则主要流行于镇宁的募役、江龙、马厂、沙子、城关等地区，整体款式包括棉布上衣（缎面上衣）、蜡染长裙、围腰、飘带、头饰。头饰分为未婚女性头饰和已婚女性头饰，区别于额前的发簪和发后的银碗，重大节日的时候也会在基本发饰外佩戴银饰。版型相对而言较为修身，精致秀美。

表9　镇宁县盘辫型服饰及拱桥型服饰形制对比分析——上衣

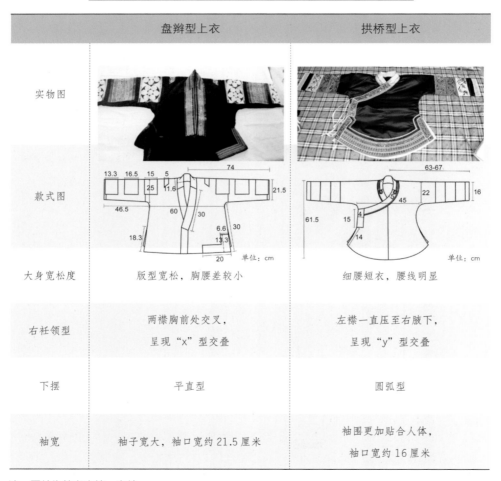

	盘辫型上衣	拱桥型上衣
实物图		
款式图		
大身宽松度	版型宽松，胸腰差较小	细腰短衣，腰线明显
右衽领型	两襟胸前处交叉，呈现"x"型交叠	左襟一直压至右腋下，呈现"y"型交叠
下摆	平直型	圆弧型
袖宽	袖子宽大，袖口宽约21.5厘米	袖围更加贴合人体，袖口宽约16厘米

注：图片为笔者实拍、自绘

在镇宁地区，这样华美的裙装几乎在布依族女性的日常生活中很难见到。由于裙装整体款式较为宽大，部件多，穿戴繁冗，平时生活、劳作的时候，布依族女性自然更加青睐于现代服饰的实用方便，所以对镇宁布依族女性裙装形制的归纳分析，既是对他们传统服饰的记录传承，也方便后来的学者们以目前的市场需求为出发点，改良开发出更为合理的现代化服装。

表10　镇宁县盘辫型服饰及拱桥型服饰形制对比分析——围腰

	实物图	款式图	穿着形态	廓形	下摆
盘辫型围腰		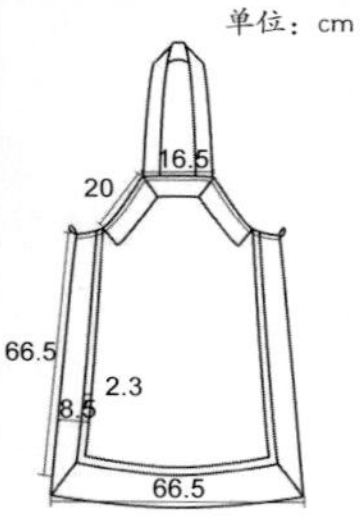 单位：cm	自胸部至小腿，上系项带，挂于脖子上，两侧连接飘带，系于腰部	上窄下宽	弧形下摆，有织锦或绸缎装饰
拱桥型围腰一	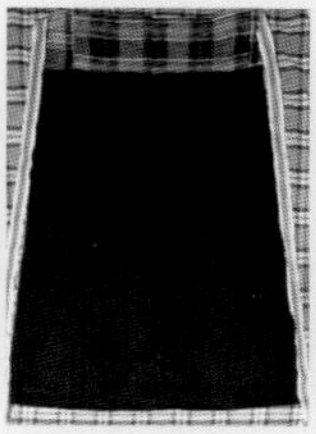	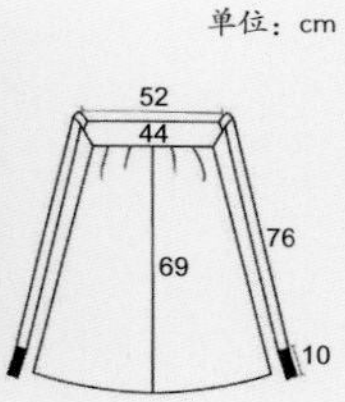 单位：cm	自腰部至小腿，两侧连接飘带，系于腰部	腰部打褶，上窄下宽	弧形下摆，无特殊装饰
拱桥型围腰二		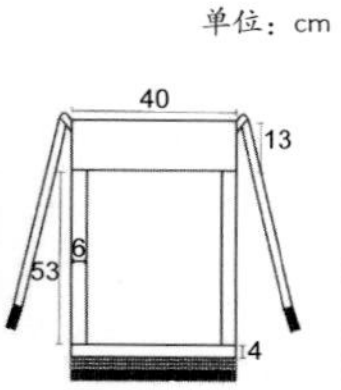 单位：cm	自腰部至小腿，两侧连接飘带，系于腰部	上下同宽，呈长方形	平直下摆，有花草刺绣和串珠装饰

注：图片为笔者实拍、自绘

实物分析

苗族

苗族主要分布在贵州、云南、广西等省、自治区。苗族是一个民族意识和艺术才华都很强的民族，他们不仅将文化传统倾注于口头文学，更将它倾注于服饰图案之中，不仅有记述人类起源神话的"蝴蝶妈妈"和苗族祖先英雄故事的"姜央射日月"等图案，更有追述苗族先民悲壮迁徙史的"黄河""长江""平原""城池""洞庭湖""骏马飞渡"等主题图案。

苗族，在历史上有"百苗"之说，其支系之多由此可见。从总体上来说，复杂多样的苗族服饰可分为五型，分别是黔东南型、黔中南型、川黔滇型、湘西型和海南省型。其中较重要的是黔东南型、黔中南型和川黔滇型三种服饰类型。

黔东南型服饰，主要流行于贵州省黔东南苗族侗族自治州16县市及广西融水、三江等地。这一地区的服饰特点是男子服饰基本相同，妇女服饰差异较大，上衣多为大领对襟或右衽半身，百褶裙长短不一，发髻差异亦有较大差别，服饰款式多达30余种。

黔中南型服饰，主要流行于贵阳、龙里、平坡、安顺、紫云及云南的丘北、文山、麻栗坡和广西隆林等地。其服饰特点是以黑、白、蓝色线织、绣衣裙和蜡染，妇女穿大领对襟衣、百褶裙，包头帕或头巾。

川黔滇型服饰，主要流行于川南、黔西、黔西北、桂西和滇东北以及云南昭通、楚雄、宜良、威信等地。川黔滇型服饰又可分川南古蔺式、黔西北威宁式、云南昭通镇雄式三种，其服饰特点均以麻布为主要衣料，色调以浅色为主，蜡染工艺的使用更为普遍。

贵州丹寨苗族百鸟衣

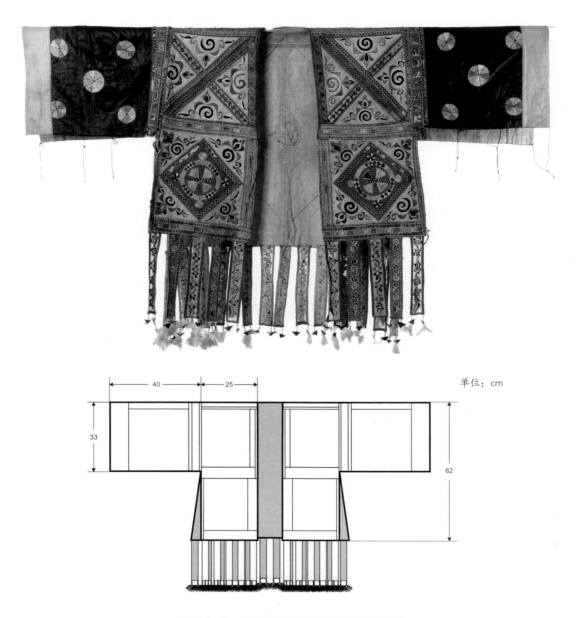

图45（a） 贵州丹寨苗族百鸟衣正面及款式图

单位：cm

苗族百鸟衣主要分布于贵州省黔东南苗族侗族自治州的丹寨县、榕江县和雷山县等地，以苗族的"嘎闹"支系为主。"嘎闹"在苗语中是"鸟的部族"的意思。百鸟衣是作为宗教仪式中的特殊形式而传承下来的古老苗族服装。

鼓藏节，是在黔东南地区苗族社会中长期盛行的一项重大祭祖活动，最初是苗族祖先姜央祭祀其母亲"蝴蝶妈妈"而兴起的，通常以鼓社为单位，每13年轮回一次。

苗族先民认为用"蝴蝶妈妈"栖息的枫木做成的木鼓是祖先灵魂的安居之所，于是便先制木鼓后制铜鼓，用祭鼓来替代祭祖。因而，鼓藏节中醒鼓、转鼓和藏鼓是最主要的仪式内容。通过击鼓、转鼓唤醒祖灵享用子孙宰杀供奉的牯牛，与子孙同乐，节后再将木鼓或铜鼓送回专门的山洞或寨老家珍藏。

此件百鸟衣是苗族男子在鼓藏节祭祀活动时穿着的盛装，也是苗族男装中最庄重、最华贵的服饰。此件百鸟衣由上衣和飘带两部分组成，衣服形制独特，无领直襟、衣身平直、开襟无扣、两侧及袖下裁而不缝，仅以布带束之。袖身正面由蓝靛染亮布缝制，衣身绣满纹饰，有自然界的日月星辰鸟蝶花草纹，亦有寓意对苗族祖灵崇拜的各种神秘图案。前后下摆各有飘带11条，端部装饰有白色鸡毛，这可能和苗族先民为了纪念鸟对苗族先民的恩情，将鸟作为氏族的图腾有关（图45）。

图45（b）　贵州丹寨苗族百鸟衣局部图

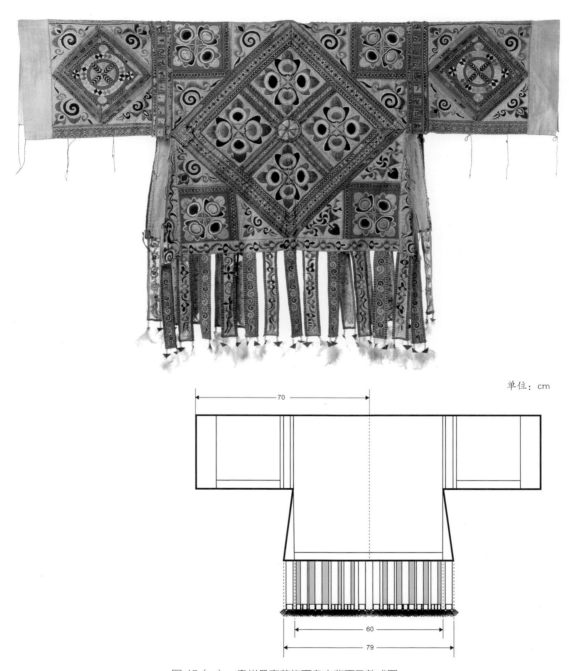

单位：cm

图 45（c） 贵州丹寨苗族百鸟衣背面及款式图

贵州台江苗族刺绣铃铛女上衣

单位：cm

50

71

31

图46（a） 贵州台江苗族刺绣铃铛女上衣正面及款式图

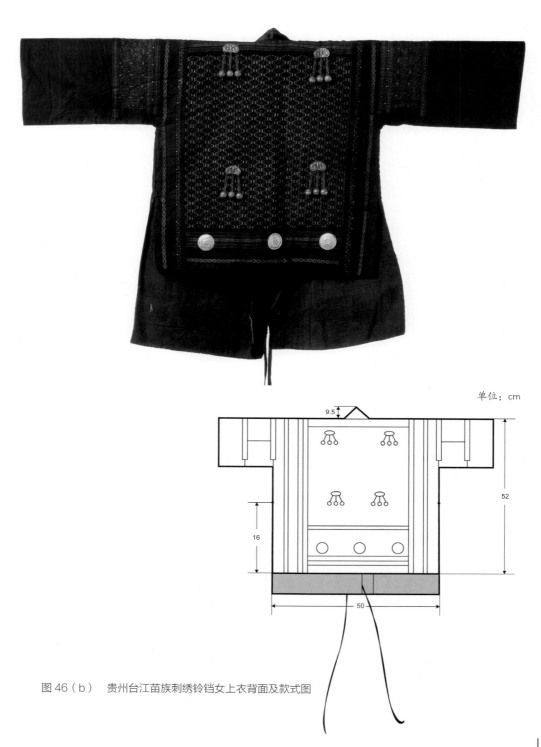

单位: cm

9.5

52

16

50

图 46（b） 贵州台江苗族刺绣铃铛女上衣背面及款式图

此件上衣为贵州台江地区女子典型服饰，对襟立领，中袖，衣摆前长后短，穿着时交襟右衽，系带固定，衣领后移，前后衣襟找平，下着百褶裙，前系围裙，裹绑腿（图46）。

此上衣面料经矿物染料多次染捶，形成具有独特风格的金黄色亮布。衣袖、肩部、衣襟及衣背刺绣装饰，其中衣背为装饰重点，通背红蓝白三色几何纹数纱绣，构图工整、色彩和谐，背面上端和下部分别钉有蝴蝶纹银响铃和星纹银片，衣身正面左右两侧各缀有两枚龙纹银片。

图46（c）　贵州台江苗族刺绣铃铛女上衣局部

贵州黄平苗族亮布刺绣女装

图 47（a） 贵州黄平苗族亮布刺绣女装上衣和下裙

图47（b） 贵州黄平苗族亮布刺绣女装上衣局部

　　此件上衣为对襟样式，穿着时两片前衣襟交叠，衣领后移，前后衣襟找平。上衣的领、袖、肩、背均有刺绣装饰，以背部装饰为重点，几乎通体布满数纱绣，非常精美。

　　此件上衣最大特色是其独特的亮布工艺，与其他地区苗族服饰大量使用靛蓝染成的蓝黑色亮布不同，在暗花丝绸的面料上以矿物染料多次染捶，制成具有独特风格的金色亮布，和传统亮布成鲜明区别。此种工艺始于民国初年，随着现代工业的发展，化学染料大量从沿海城市流入贵州内陆。矿物染料替代了传统靛蓝，衣料的颜色也由蓝黑色变成米黄色。制作时，先取染料加水稀释调匀，加入少许蜂蜡，用毛刷均匀涂抹于暗花绸缎或自织土布的表面，然后用木棒反复捶打，再用柏树枝烟熏，使其色彩加深，同时还具有防虫的作用。经过处理的面料变成暗淡的土黄色，同时具有金属光泽，底纹若隐若现，风格独树一帜（图47、图48）。

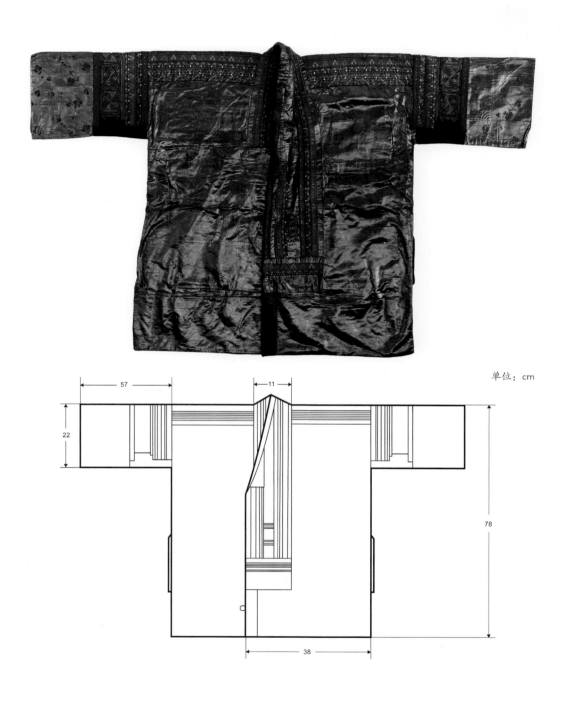

单位：cm

图47（c） 贵州黄平苗族亮布刺绣女装上衣正面及款式图

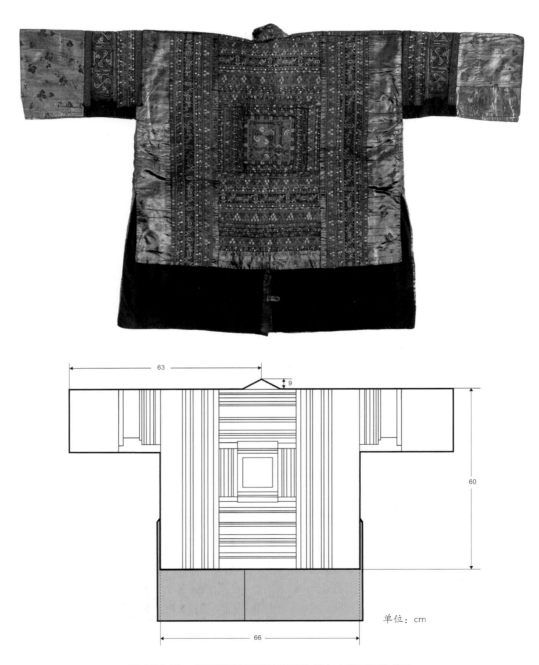

图47（d） 贵州黄平苗族亮布刺绣女装上衣背面及款式图

单位：cm

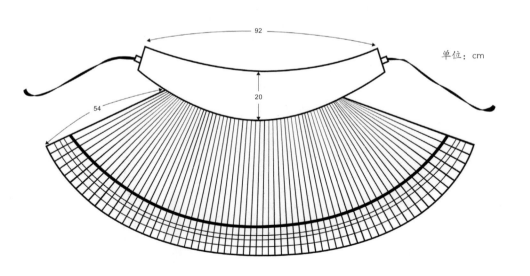

单位：cm

92

20

54

图 48　贵州黄平苗族亮布刺绣女装下裙及款式图

贵州龙里小花苗贴布刺绣贯头衣及蜡染百褶裙

图 49　贵州龙里小花苗贴布刺绣贯头衣及蜡染百褶裙

此款服饰是贵州黔南布依族苗族自治州龙里县苗族女子穿着，由上衣、百褶裙、围腰、头帕组成。穿着该式服饰的妇女将头发盘于顶，外缠黑色长帕头包裹成盘状。

　　上衣为前短后长贯首衣，领口拼接白色布条延伸到后，交叉形成十字垂挂背后。衣背正中和四角为一方形挑花图，围绕中心图案在左右下三方贴花绣云草纹三角图案，整个衣背图案和领口十字反搭的白领带构成一个八角星形图案。两侧衣袖方形刺绣构图同衣背。衣后摆挑花或用三角及菱形布块贴布绣方形图案五块（图49、图50）。

　　下穿百褶裙，前系围裙，围裙同样以方块构图装饰。小腿绑缠腿巾，穿布鞋（图51）。

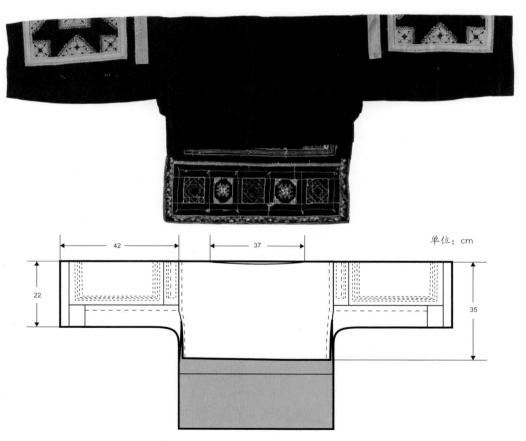

图50（a）　贵州龙里小花苗贴布刺绣贯头衣正面及款式图

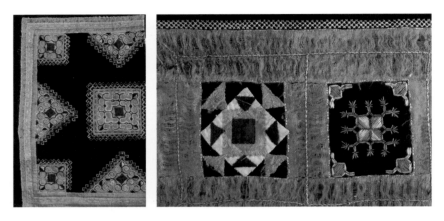

图 50（b） 贵州龙里小花苗贴布刺绣贯头衣背面局部

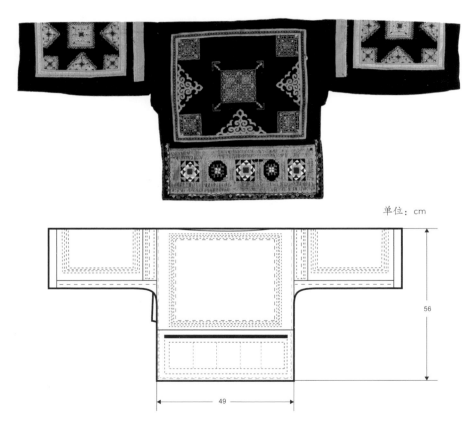

单位：cm

图 50（c） 贵州龙里小花苗贴布刺绣贯头衣背面及款式图

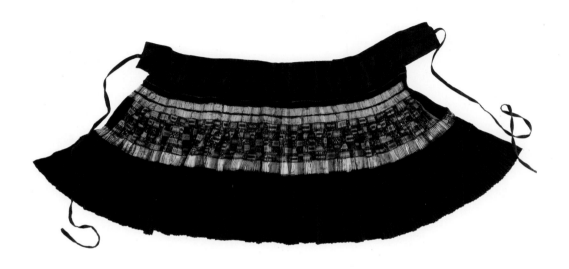

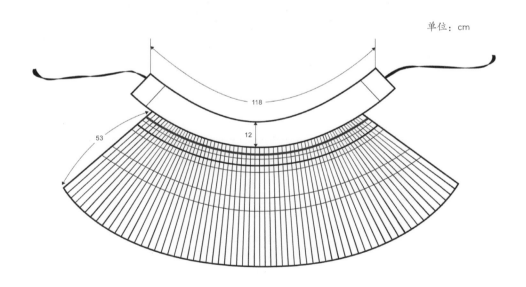

单位：cm

118

12

53

图 51　贵州龙里小花苗蜡染百褶裙及款式图

贵州六枝新窑乡牛场坝四印苗女上衣及蜡染百褶裙

图 52　贵州六枝新窑乡牛场坝四印苗女上衣及蜡染百褶裙

四印苗主要分布在贵州的清镇、六枝、修文等地，因当地苗族女性服饰上的四个方形蜡染"苗王印"图案被称为"四印苗"。据说，古代苗族先民被外族追杀，在迁往异乡的过程中，为了识别本族人，苗王给每个族人盖上自己的官印。作为苗王的后裔，为了纪念祖先，增强本民族凝聚力，这一习俗延续至今。

　　四印苗妇女将头发结于脑后，再用青黑色的织带一圈圈缠绕头部围成碗状。此件馆藏四印苗女装上衣是青黑布制成的贯头衣，贯头衣是一种古老的服装款式，制作时，将一块裁剪成十字型的布料在中间挖洞作为领口，袖下和体侧缝合，衣领处拼接青黑色的大翻领。衣服面料为蓝靛染的棉布，前襟短、后襟长，前胸、后背、后下摆、两袖主要用蜡染纹样装饰，图案以方形印章图案为主，矩形图案中间用涡旋纹填充。下面搭配蜡染百褶裙，裙长至膝，蓝靛染棉布的裙身上装饰有一道一道宽窄不等的蜡染条纹，寓意苗民族迁徙途中越过的一座座高山、涉过的一条条河流，反映了四印苗的迁徙史（图52～图54）。

　　此套四印苗女装的最大特点是款式古朴、色彩素雅，苗王印充满神秘气息，体现了四印苗人民对先祖的缅怀和对本民族艰辛历史的记载。

图53（a）　贵州六枝新窑乡牛场坝四　印苗女上衣局部

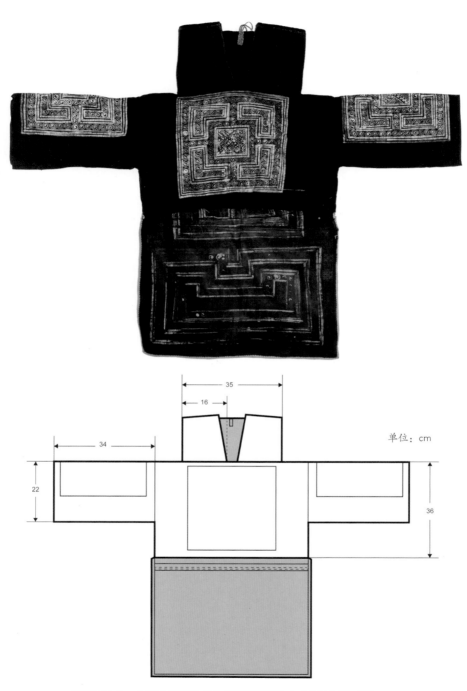

图 53（b）　贵州六枝新窑乡牛场坝四印苗女上衣正面及款式图

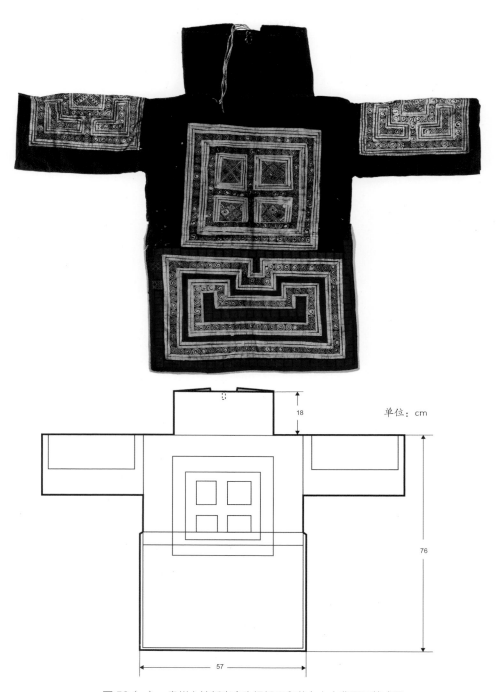

单位：cm

图53（c） 贵州六枝新窑乡牛场坝四印苗女上衣背面及款式图

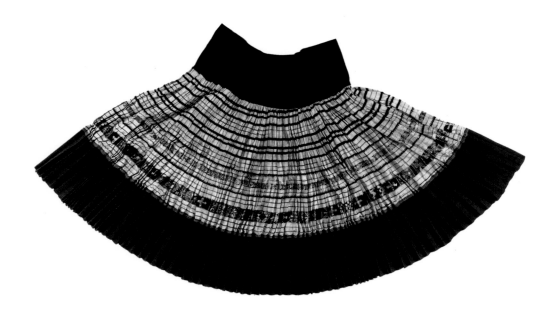

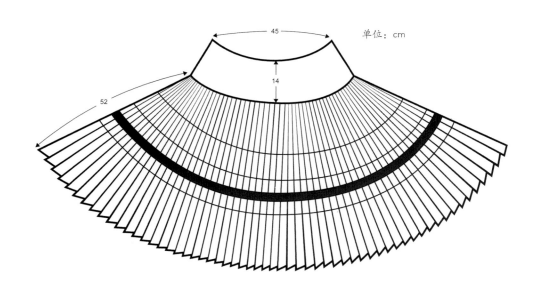

图 54　贵州六枝新窑乡牛场坝四印苗蜡染百褶裙及款式图

贵州丹寨雅灰苗族蚕锦对襟女上衣及靛蓝百褶裙

图 55　贵州丹寨雅灰苗族蚕锦对襟女上衣及靛蓝百褶裙

此款服饰主要分布在丹寨县杨武、龙泉、长青、复兴等乡镇，该式服装在民国时期还有部分地区在制作，基本只在婚丧仪式上出现，现存较少。上衣对襟无扣、衣短袖长，衣肩、衣身前后和两袖中段为裁剪成三角形、长条形的蝴蝶、鸟纹形状的蚕锦贴布绣，衣袖上端为蜡染的旋涡纹，袖口上有几何纹挑花。下装为短款百褶裙，长34厘米，裙片展开是上小下大的梯形，穿上后呈A字型。裙腰为蓝色棉布，裙身由深蓝色土布压褶而成，褶密浆硬，十分挺括，裙身素净，没有蜡染或刺绣（图55～图57）。

此件服饰最主要的工艺特色是蚕锦贴布绣。蚕锦为平板丝织物，是把蚕放在平板上吐丝，因而不会"作茧自缚"，而是形成一种非织造的类似纸的布料，再将蚕锦从平板上揭下，染成不同的颜色，用于刺绣的底布或是衣饰。此件上衣上的蚕锦贴布绣就是将染好色的蚕锦剪裁成需要的形状，再缝制在衣服上做贴花装饰。

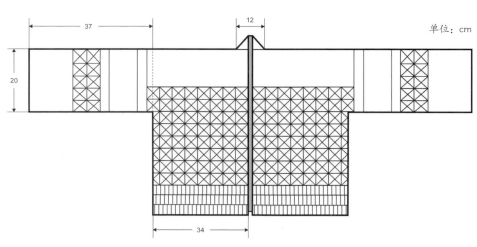

单位：cm

图 56（a） 贵州丹寨雅灰苗族蚕锦对襟女上衣正面及款式图

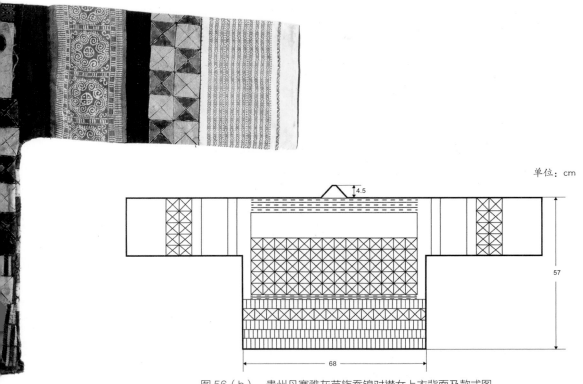

单位：cm

4.5

57

68

图56（b） 贵州丹寨雅灰苗族蚕锦对襟女上衣背面及款式图

图56（c） 贵州丹寨雅灰苗族蚕锦对襟女上衣局部

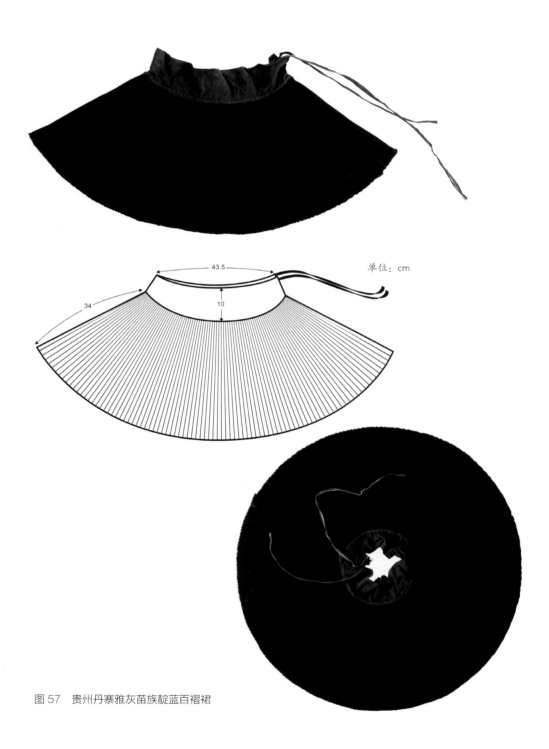

单位：cm

43.5

34

10

图 57　贵州丹寨雅灰苗族靛蓝百褶裙

贵州雷山平塘村短裙苗女装

图 58　贵州雷山平塘村短裙苗女装

此套服饰为贵州雷山短裙苗女装，上衣为对襟敞领织锦衣，衣短袖宽、衣领后倾露颈背，盛装时衣背钉缀银片。腰系织锦花带，主要由果绿、红、黄三色组成，有万字纹和八角花纹等几何纹样（图58、图59）。

雷山短裙苗女子便装时下穿小脚长裤，外穿超短裙，前后系围腰；盛装时不穿长裤，而是从脚踝一直到两股打织花或挑花的绑腿，外穿深青色或黑色百褶超短裙，长约20～25厘米，甚至于外穿多条短裙，前围织锦围腰，后系绣花或织锦飘带裙。此件飘带裙由14条花带排列组成，整体配色图案和腰带相同，花带黑色为底，织有果绿、墨绿的万字纹、八角花纹、勾连纹等几何纹样，花带以红黄二色镶边，下端缀有缨穗（图60）。

整套服饰最大的工艺特点是织锦，上衣前身、两襟、袖身和后背均是以红色、紫色、绿色为主色调的八角花纹、菱形等各种几何纹样的织锦装饰，和同是织锦制作的围腰、腰带和飘带交相辉映，五彩斑斓如林中的锦鸡。

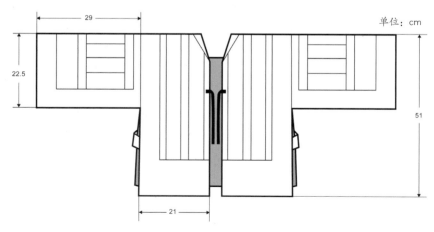

图59（a）　贵州雷山平塘村短裙苗女装上衣正面及款式图

107

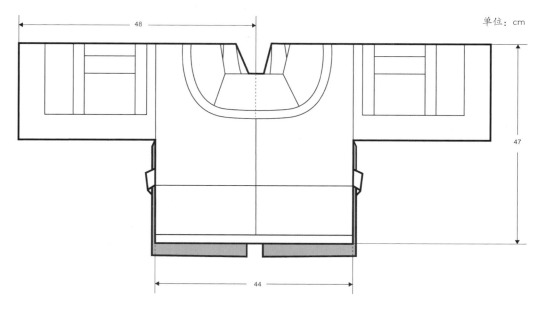

图 59（b） 贵州雷山平塘村短裙苗女装上衣背面及款式图

单位：cm

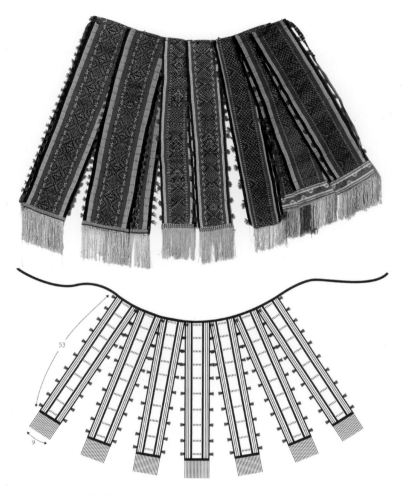

图 60（a） 贵州雷山平塘村短裙苗女装下裙及下裙款式图

单位：cm

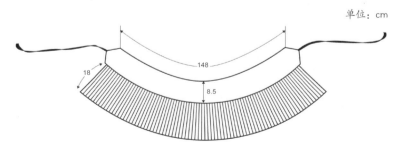

图 60（b） 贵州雷山平塘村短裙苗女装下围腰带款式图

贵州毕节苗族花背

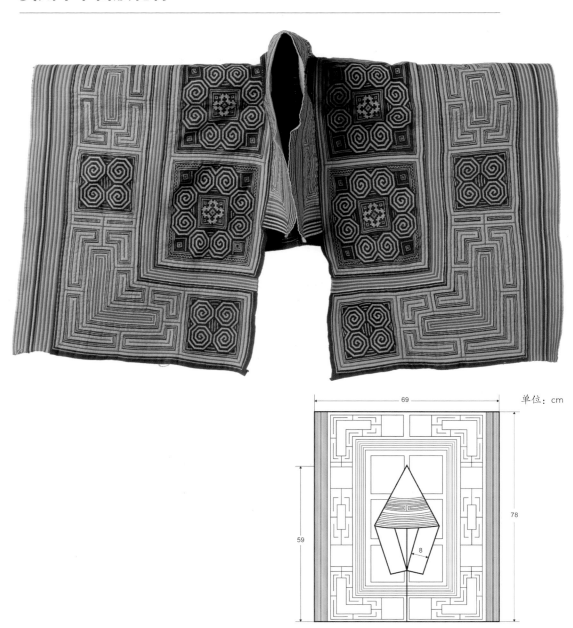

单位：cm

图 61（a） 贵州毕节苗族花背及款式结构图

花背是小花苗服饰中最为醒目、装饰较特别的服装款式。小花苗自称"阿蒙"或"阿苏"，多分布于黔西北地区的南开、水城、纳雍和赫章等地。花背男女都可穿着。女子穿着时，内穿白色对襟长衫，两片前襟交叉系于腰间，外披挑花花背，下着蓝白相间的三节蜡染裙。此件花背以条纹叠布绣为外框，内边为贴布绣，在底布上用裁成细条的黄色棉布规整贴补而成长条形或曲矩形，中间装饰圆形涡旋纹挑花图案。整件花背色调以黑、红、黄、棕为主，形成暖色调的装饰图案。

此件花背从外至内依次为叠布绣竖条拼接段、黄色贴布绣图案、竖条叠布绣条段和方形排列的挑花图案。左右两边的叠布绣拼接是用红、黄、白和黑四种颜色的细布条叠加拼接而成，没有底布。黄色贴布绣图案是在底布上用裁成细条的黄色棉布规整地贴补而成，有 T 形、L 形、工字形和口字形，以黄色为基调，露出的底布部分运用挑花工艺将其填满，图案鲜明活泼。花背中间图案以条纹叠布绣为外框，内边为贴布绣，中间装饰圆形涡旋纹挑花图案，规矩又带有活泼感（图 61）。

图 61（b）　贵州毕节苗族花背局部

贵州剑河展溜锡绣衣套装

图62（a） 贵州剑河展溜锡绣衣套装正面

苗族锡绣是贵州省剑河县清水江两岸南寨、敏洞、观么等地区苗族人们聪明才智的创造和智慧的结晶，是该支系民族的重要标识和特征，是民族民间工艺美术百花园中的一朵奇葩。

苗族锡绣以藏青色棉织布为载体，先用棉纺线在布上按传统图案穿线挑花，然后用金属锡丝条绣缀于图案中，再用黑、红、蓝、绿四色蚕丝线在图案空隙中绣成彩色的花朵。

银白色的锡丝绣在藏青色布料上对比分明、闪光明亮、光泽度好、质感强烈，酷似银衣，与银帽、银耳环、银项圈、银锁链、银手镯相配，极其华丽高贵。锡绣制品工艺独特、手工精细、图案清晰、做工复杂、用料特殊，具有极高的鉴赏和收藏价值。苗族锡绣与其他民族刺绣工艺品的不同之处在于它是用金属锡丝条在藏青棉布挑花图案上刺绣而成，目前，在其他地区的苗族或其他民族尚未发现这种刺绣（图 62～图 64）。

图 62（b）　贵州剑河展溜锡绣衣套装背面

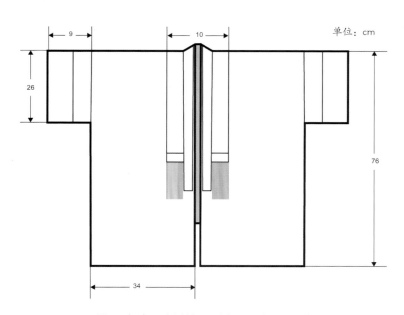

图63（a） 贵州剑河展溜锡绣上衣正面及款式图

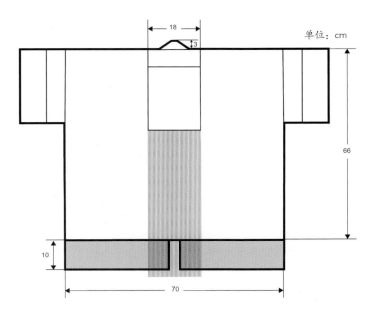

图 63（b） 贵州剑河展溜锡绣上衣背面及款式图

图 63（c）　贵州剑河展溜锡绣上衣局部

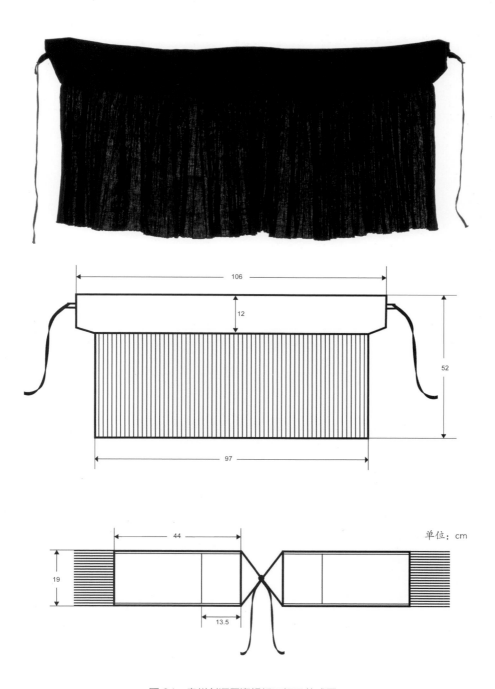

图64　贵州剑河展溜锡绣下裙及款式图

贵州台江革一乡苗族女装

图 65　贵州台江革一乡苗族女装上衣及下裙

台江苗族方黎支系服饰，苗语称为"汪方黎"。"汪"即装束、服饰。"方黎"泛指革一乡一带。"汪方黎"泛指革一乡一带的服饰装束。

服饰技法以打籽、织花、堆绣、花饰为主，主要分布在台江县西部革一乡的大塘、北方、桃树板、旺平、毛坪、黑寨、冷西、排生青岗、台水、田坝、大寨、皆翁寨和台盘乡的平水、南尧、箕簸、棉花等几十个自然村寨。

台江有九大支系服饰，此件衣服是革一乡一带的，属于"方黎"支系服饰，妇女上装为大领右衽半体衣，较长，盖及臀部。衣的前襟略长于后摆，但穿时拉齐，袖子比一般地区的服装袖子略大，宽约21厘米，穿时折一小折，衣脚附上一条约10厘米宽的织花，从前襟经岔口伸向后背，后背中央有一小段，领花一般宽12厘米左右，胸部花饰宽15厘米左右，领稍向后拖，倾斜度不如方型大，该型刺绣较多，盛装与便装均有花饰，区别在于花饰多寡及工艺的粗细。解放后，夏季便装不用刺绣，从集市买青蓝布料按传统式样缝制而成。刺绣方法以"打籽"为主，兼以"堆花""挑花""织花"等。纹样大多采用水云纹，内容以花草为主，鸟、蝶等次之。色彩以绿色和红色并重，黄色极少。着半长裙，盖及小腿肚。常服穿素裙，盛装裙脚附以一圈约7厘米宽的织花。便装围裙帕用青色布制成，无花饰；盛装为有花饰的缎子布料（图65、图66）。

条纹间色裙以两种或两种以上颜色的布条间隔而成，对比强烈、相映成趣。贵州台江县革一乡苗族妇女的间色裙，以青布相拼红绿绸缎而成，色彩非常亮丽（图67）。

图66（a） 贵州台江革一乡苗族女装上衣局部

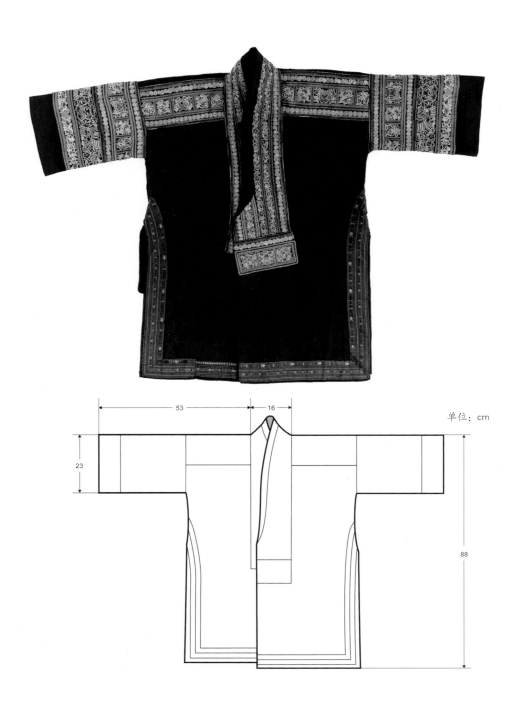

图66（b）　贵州台江革一乡苗族女装上衣正面及款式图

单位：cm

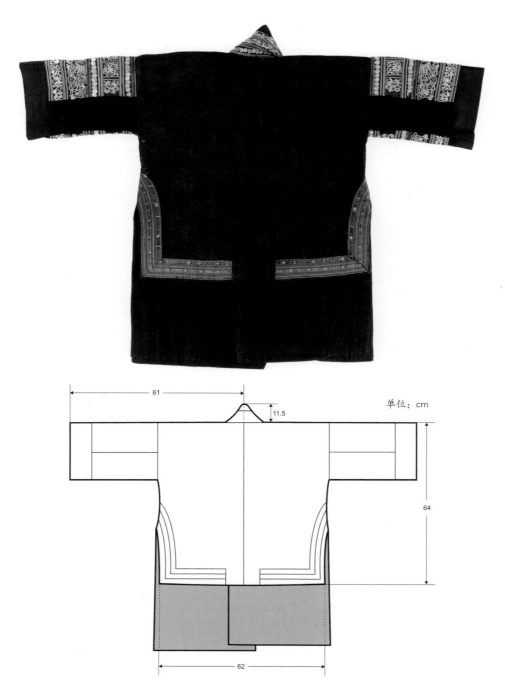

图 66（c） 贵州台江革一乡苗族女装上衣背面及款式图

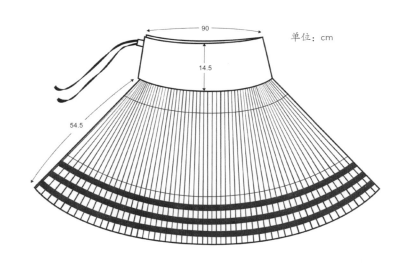

图 67　贵州台江革一乡苗族女装下裙及款式图

贵州黄平僮家蜡染女装

图68 贵州黄平僮家蜡染女装

僙家人生活在贵州黔东南苗族侗族自治州的黄平、凯里、关岭一带，目前约五万余人。革家自称"哥摩"，汉人称为"仡兜"，苗家称之为"嘎斗"，僙家人虽没有文字，却拥有不同于其他民族的语言、服饰和习俗，政府暂将僙家人归为苗族一支。

　　僙家人有着传统狩猎的习俗，男人们依然保留有古老的弓和箭，家家户户在堂屋的神龛上供奉红白弓箭，并且在僙家人的民间传说和习俗中，流传有大量与"射日""打虎""太阳崇拜""祖先征战"等相关的遗迹。僙家人的历史除了在口口相传的歌词中有所流传外，在服饰中也得以记载并传承。

　　此套服饰是僙家女子盛装，整套服饰从头至脚包含串珠红缨帽、蜡花衣、贯首披肩、围腰、围裙、百褶裙、绑腿等（图68）。

　　串珠红缨帽是僙家女子服饰中最为显著的外在特征。红缨帽由串珠的帽顶、镶红缨的帽围和蜡染的头帕组成。红缨帽上斜插一支银簪，代表太阳和利箭，围头的银片是弓、帽后的绳是弦，串珠红缨帽是僙家人"射日传说"以及"太阳崇拜"传说的象征。头帕上蜡染的直线代表大海、螺旋纹代表太阳，隐含了僙家人迁徙的历史。

　　僙家女子盛装的上衣称蜡花衣，直身，对襟，立领，无扣，左、右及后摆开衩，中袖有锁绣的几何纹。蜡染是蜡花衣的主要装饰手段，描绘了僙家先祖带兵打仗的历史，蓝底白花、花色如银，僙家蜡染的主题纹样为自然纹样、几何纹样和铜鼓纹，通过点、线的粗细和疏密搭配，图案造型主次分明、疏密有致、构图严谨、对称工整、纹饰细腻，使僙家服饰别具一格。一般蜡花衣外还会套穿形似铠甲的披肩，形为贯首衣（图69）。

　　下穿百褶裙和绑腿。百褶裙为一片式围合而成，分上中下三段，最上面是纯黑色棉布，中间和最下面为蓝色棉布与白色蜡染图案相间的百褶组成，极富韵律（图70）。

　　僙家人服饰风格鲜明独特，成为僙家人认同、传承历史的独特标志。

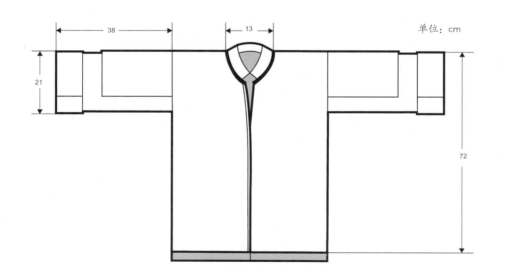

单位：cm

图69（a） 贵州黄平僙家蜡染女装上衣正面及款式图

图 69（c）　贵州黄平僙家蜡染女装上衣局部

单位：cm

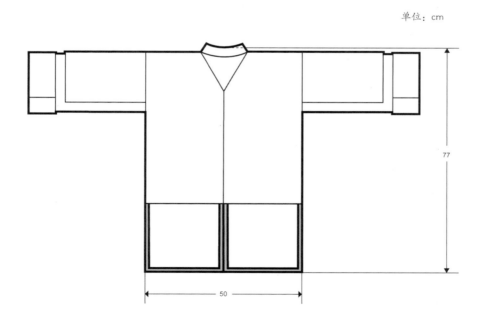

图 69（b）　贵州黄平僙家蜡染女装上衣背面及款式图

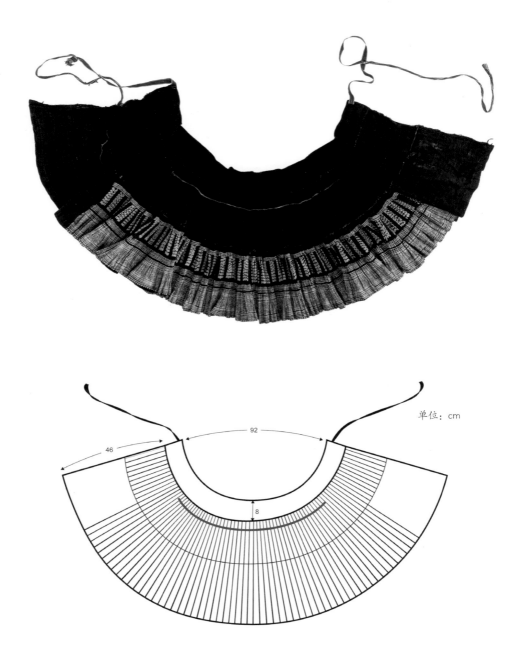

单位：cm

图 70（a） 贵州黄平僮家蜡染女装下裙及款式图

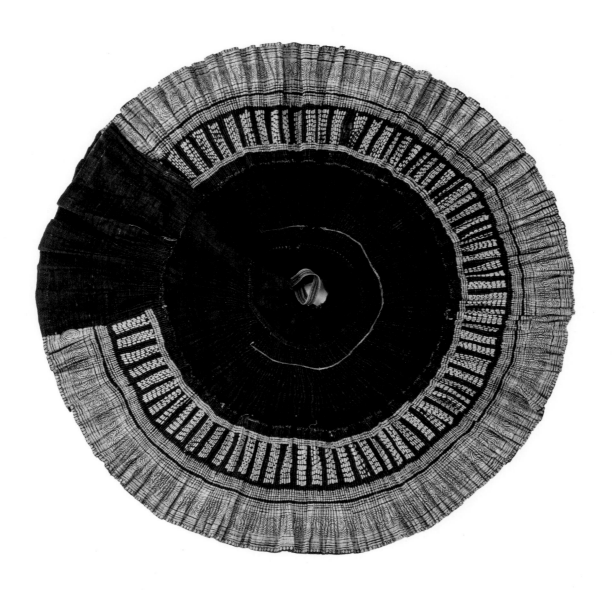

图 70（b） 贵州黄平僮家蜡染女装下裙展开图

苗族绞绣背带片

图 71（a） 苗族绞绣背带片

苗族背带是苗族妇女养育孩子的重要生活用品，由母亲为孩子亲手制作，可供日后多个子女沿续使用。苗族背带蕴含着苗家妇女精湛的刺绣技艺和丰富的民族文化，承载着家族绵延后代的愿望。

　　绞绣先要制作绕线，通常以麻线或棉线为芯，外面用丝线加捻缠绕制成绕线，再将绕线盘绕钉缝构成图案。这块绞绣背带片整体构图呈倒品字形，主要由三个方形刺绣区域组成，周围以条形装饰联系。背带在制作时，先用较粗的白色绕线盘成图案的外轮廓，其间用红色、紫色及绿色等丝线平绣出蝴蝶、鸟雀和花卉纹，其余用略细的黄色绕线盘花填满。此件背带片色调和谐、图案细腻、构图方正、富有韵律（图 71）。

图 71（b）　苗族绞绣背带片局部

贵州毕节苗族麟祉呈祥背带片

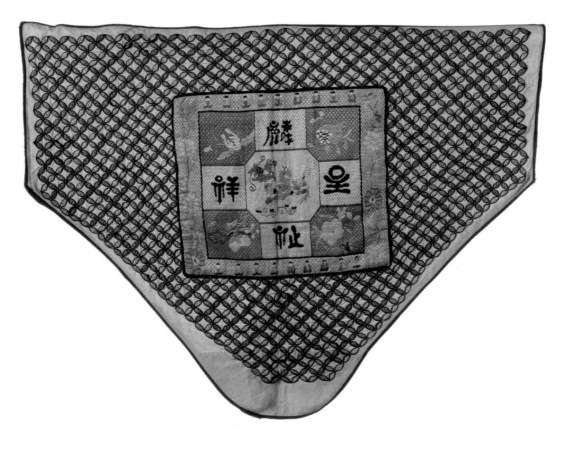

图72（a） 贵州毕节苗族麟祉呈祥背带片

此件背带片呈倒品字形，通体刺绣，寓意吉祥，饱含了母亲对孩子的美好祝福。

　　中心方形图案采用纳纱绣，不留纱底，绣纹饱满厚重有光泽，周边采用贴布绣，满绣古钱字纹，钱字纹是财富与幸福的象征。整个背带的视觉中心是一幅麒麟送子图，麒麟是中国四神兽之一，据晋代王嘉《拾遗记》记载，孔子诞生前，有麒麟吐玉书于其家，因而麒麟送子是中国民间常用的祥瑞装饰。古时有将孩童唤作"麟儿""麒麟儿"，"麟祉呈祥"四字加之佛手、石榴、蝶恋花等纹样，将父母祈盼得子、视子如宝的心理反映得淋漓尽致（图72）。

图72（b）　贵州毕节苗族麟祉呈祥背带片局部

苗族堆绣背带片

　　此件苗族背带片整体呈 T 字形，背带底布用黑色棉布，中心主体部分堆绣装饰，背带下缘镶有蓝黑条纹布，上面装饰有两条绞线绣和锁绣的涡旋纹和花草纹图案。

　　背带不仅是孩子成长的摇篮、母亲生产劳作中的重要帮手，也寄托了一个家族对子孙后代健康幸福、福寿绵长的美好祝愿。为此，苗族妇女不辞辛劳，用极其繁复的缝纫方法和装饰来制作背带，堆绣背带的制作很好地体现了母亲对孩子的拳拳之爱。堆绣又称"叠布绣"，是苗族独特的刺绣工艺，它不同于一般的刺绣，刺绣材料不以丝线为主，而是以丝绸布料为主。人们用上过浆的丝绸面料裁剪、折叠成三角形，层层堆叠在底布上，通过不同的排列、色彩搭配和堆叠方式组合成不同的图案，再用丝线缝制固定。

　　此件背带色调古朴、构图方正、左右对称。堆绣纹样采用八角星纹、鸟纹和蛙纹，周围用绿色绸布折成的三角层层折叠铺满，堆绣色调以绿色为主，中间点缀红色、金色和白色，隐含对平安、财富的祈盼。堆绣图案喜用鸟纹、蛙纹，在苗族神话传说中，鸟类孕育了万物，是苗族祖先的象征，并且守护着苗家人世代平安，因而备受苗族尊崇。蛙纹和苗族"蛙人王"的传说相关，蛙又是苗家的生殖之神。因此，鸟纹和蛙纹在孩童的背带中经常可以看到（图 73）。

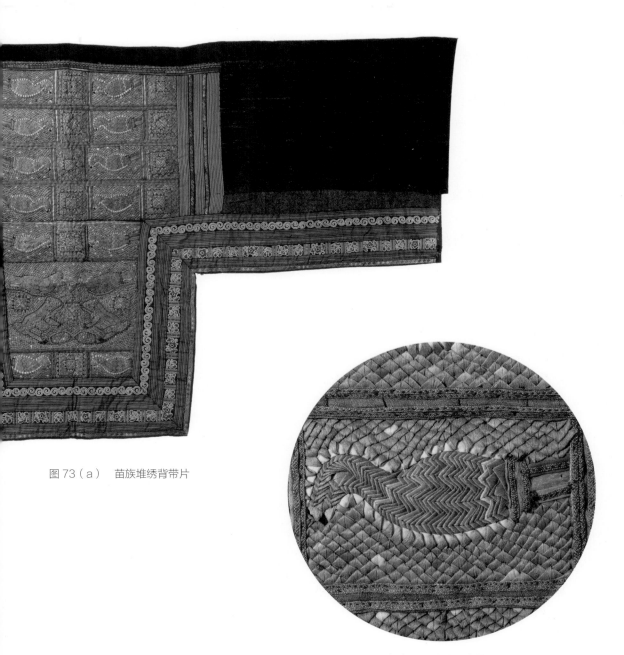

图 73（a）　苗族堆绣背带片

图 73（b）　苗族堆绣背带片局部

布依族

布依族主要分布在贵州、云南、四川等省。布依族以农业为主，布依人的祖先百越民族最先发明了水稻种植，为世界稻作文明作出重要贡献，享有"水稻民族"之称。布依族服饰与农耕社会联系密切，服饰纹样有谷粒纹、梅花纹、鱼骨纹、螺旋纹等。

布依族男女喜欢穿蓝、青、黑、白色布衣服。青壮年男子多包头巾，穿对襟短衣（或大襟长衣）、长裤。老年人大多穿对襟短衣或长衫。妇女服饰各地不一，惠水、长顺一带女子穿大襟短衣、长裤，系绣花围兜，头裹格子布包帕。花溪一带少女衣裤上饰有"栏干"，系围腰，戴头帕，辫子盘压头帕上。镇宁扁担山一带的妇女上装为大襟短衣，下装百褶大筒裙，上衣的领口、盘肩、衣袖都镶有"栏干"（即花边）。裙料喜用白底蓝花蜡染布，老年妇女长裙多用赭红色棉布。她们习惯一次套穿几条裙子，系一条黑色镶花边的围腰带（图74）。

贵州镇宁布依族女装

图74 贵州镇宁布依族女装

上装为细腰短衣，斜襟右衽，腰窄摆宽，缎面，袖、领、襟、前后摆均装饰了花草纹样的刺绣带，前后摆装饰七色彩条图案，意为七色太阳光（图75）。

下装为大摆蜡染百褶长裙，单片围裹式穿着，搭配古朴的颜色和稚拙的蜡染图案，体现出以朴素为美的审美特征和民族特色。裙身部分从上到下由两种不同风格的布料拼接而成，腰头接棕红色棉布裙头，再是接蜡染布裙身，裙身排满圆点图案，裙面中部有一条红线，代表布依族疆界（图76）。

围腰与上衣一样同为缎面，长方形状。四周均镶花草刺绣装饰条，下端接珠串流苏（图77）。

图75（a）　贵州镇宁布依族女上衣局部

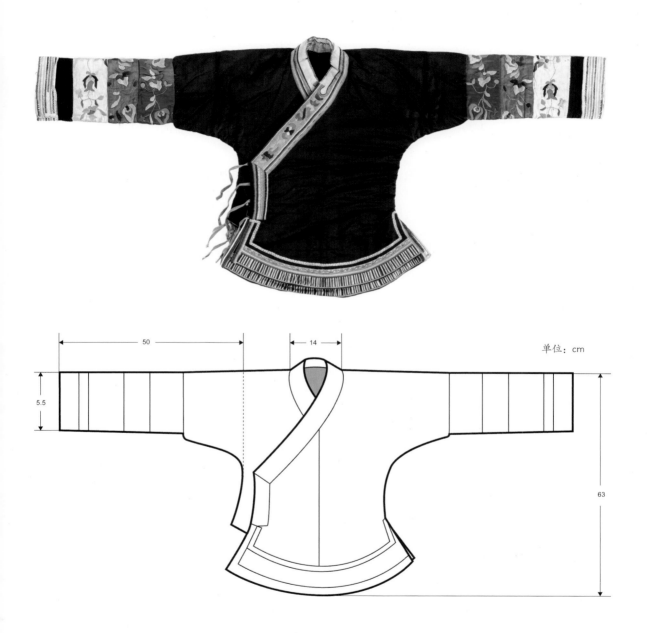

图 75（b） 贵州镇宁布依族女上衣正面及款式图

单位：cm

50

14

5.5

63

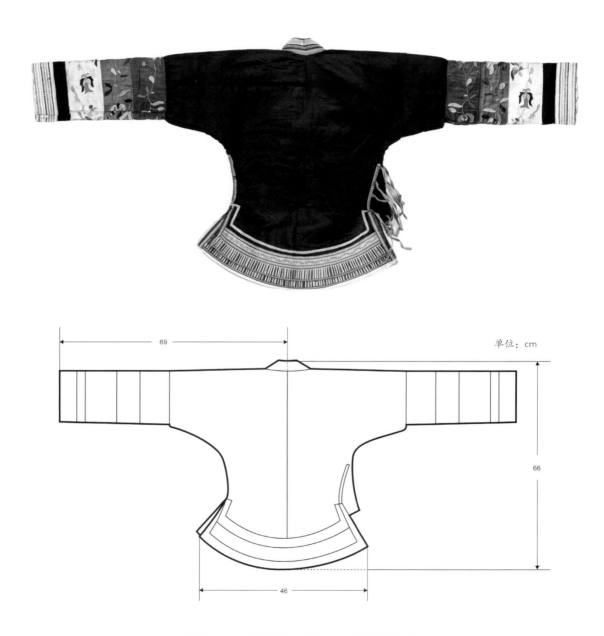

图 75（c）　贵州镇宁布依族女上衣背面及款式图

单位：cm

69

66

46

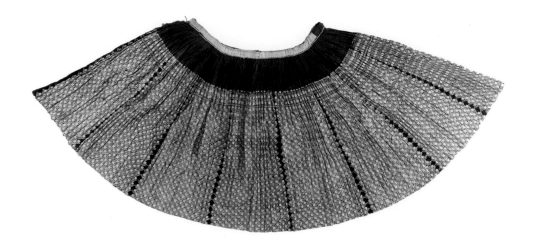

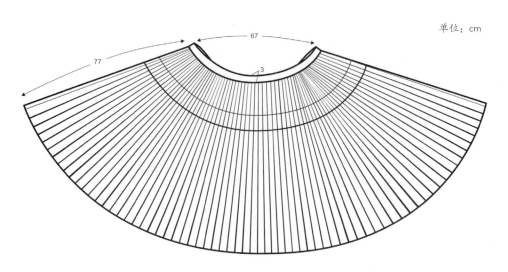

单位：cm

图 76　贵州镇宁布依族女下裙及款式图

图 77　贵州镇宁布依族女下裙围腰

贵州关岭布依族女装

图 78 贵州关岭布依族女装

本件藏品为布依族女上衣，基本结构为平面裁剪连肩长袖，无扣，黑色棉布质地。上衣袖子装饰三节袖筒花，左右两节为窝妥纹蜡染片，中节为彩色菱形纹织锦片。领边及下摆装饰多种不同纹样、不同肌理的彩色织锦边饰。肩背部位以彩线编网绣出色块连成环状，围绕后领。这件上衣展示了布依族精湛的织锦、蜡染以及刺绣工艺（图78、图79）。

　　下装为长及脚跟的百褶裙，用白底青色蜡染花布做成，白色粗布腰头，两端均有长条系带，穿着时绕腰部两周，裙下摆三分之二幅度全是小方格蜡花纹，整条裙子花纹排列有序，图案对称，配合精巧，显得典雅、朴素、大方（图80）。

　　布依族围腰，整体呈"凸"字型。此件围腰以黑色棉布为底，整圈镶拼彩色绸料、织锦及不同针法、不同工艺的刺绣边饰，穿着时搭配银质挂链，罩于上衣外（图81）。

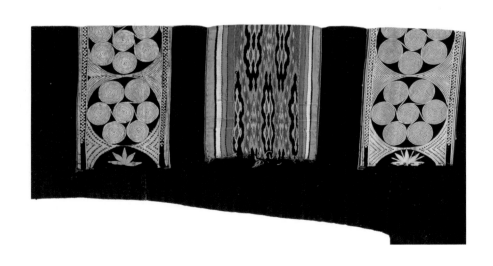

图 79（a）　贵州关岭布依族女装上衣局部

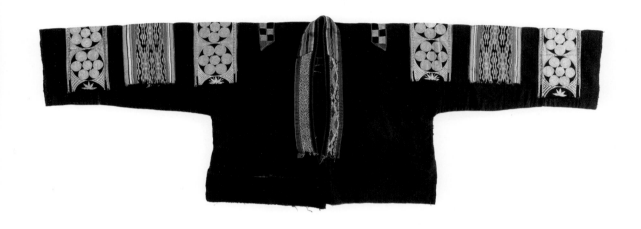

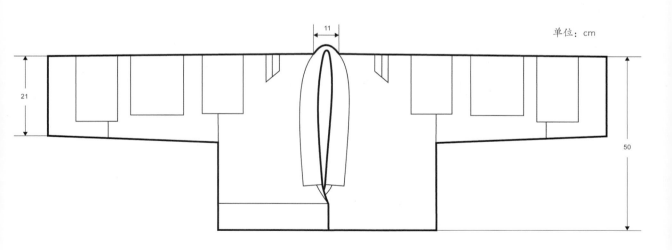

单位：cm

11

21

50

图 79（b） 贵州关岭布依族女装上衣正面及款式图

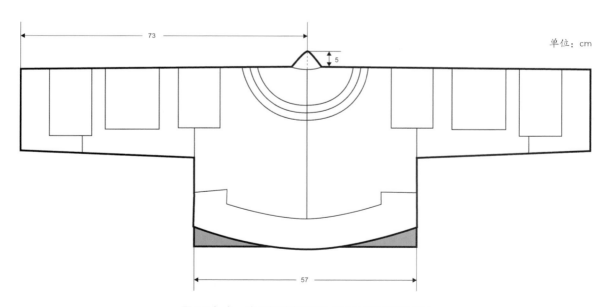

单位：cm

图79（c） 贵州关岭布依族女装上衣背面及款式图

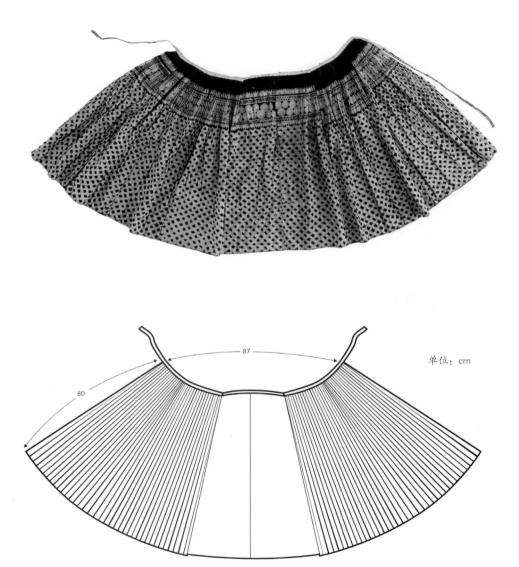

单位：cm

图 80　贵州关岭布依族女装下裙及款式图

单位：cm

图 81 贵州关岭布依族女装围腰及款式图

壮族

壮族主要分布在广西、云南、广东和贵州等省、自治区。

　　壮族崇尚黑色，故男女衣着皆以黑色为主。女子戴黑头巾，穿黑色或青色右衽斜襟上衣，领襟、袖口、衣摆均绣有花边。下着宽大黑裤，裤脚镶饰花带，腰系围裙，节日时穿绣花鞋，肩背壮锦筒包，喜欢佩戴银项圈、银手镯等饰物。男子穿黑色对襟布扣短衣，或铜扣大襟衣，系腰带，下着宽大黑裤、裤长及膝，打绑腿，穿草鞋或剪口布鞋，包黑布头帽。

　　壮族织锦作为中国四大名锦之一，色彩斑斓、图案生动、风格粗狂，极富民族特色。其图案有自然形和几何形。自然形图案有鸟、兽、虫、鱼、龙、凤、花草或山川等，几何纹图案有菱形纹、回纹、万字纹、水波纹等，形象质朴和谐。壮族织锦一般用于制作妇女的头巾、褶裙、围腰、绣鞋以及被面、包等日用品。

云南文山壮族黑色刺绣女上衣及素黑百褶裙 ①

图 82　云南文山壮族黑色刺绣女上衣及素黑百褶裙组配

云南省有壮族120余万人，大部分生活在文山州境内，壮族是文山境内少数民族中人数最多的民族，约104万人。由于壮族人口较多，地域广阔，不同支系以及同一支系不同地区的壮族服饰差异很大。

此套服装为文山壮族女子的传统节日服饰，属短衣长裙款式，上衣短而收身，斜襟小袖，腋下有四枚纽襻，衣长仅及腰间裙头，左右衣摆上翘，似鸟翼，有腾空之感。下穿黑色厚重宽大百褶裙，裙长过膝，窄衣宽裙的着装给人以细腰丰臀的美感（图82、图83）。

此套服饰上衣面料为蓝靛染亮布，下裙素黑棉布，通体以蓝黑色为主色调，只在衣领、斜襟、底摆有彩色刺绣小圆圈装饰，袖口处镶有平绣、绞绣、十字绣等组合的三节彩色绣片。蓝、黑两种颜色是壮族传统服饰最基本、最普遍的色彩，壮族习俗以黑为贵，黑色寓意着养育壮民族的土地，是庄重、严肃的象征（图84）。黑衣、黑裙、黑裤和黑头巾作为吉服，通常在祭祀、婚礼、喜庆节日等重要场合才会穿着。

壮族妇女多穿自制的绣花布鞋，此处是一双翘头的厚底、尖口绣花鞋，鞋面紫色，用绞线绣和打籽绣绣有彩色花卉纹。

图83（a）　云南文山壮族黑色刺绣女上衣局部

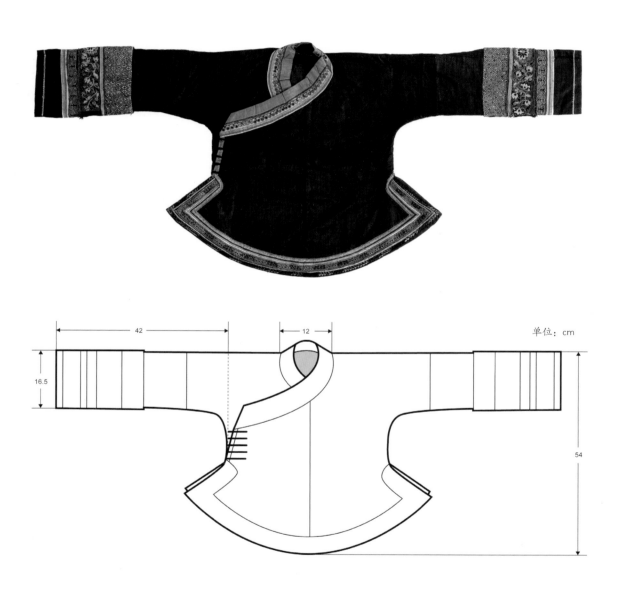

图 83（b） 云南文山壮族黑色刺绣女上衣正面及款式图

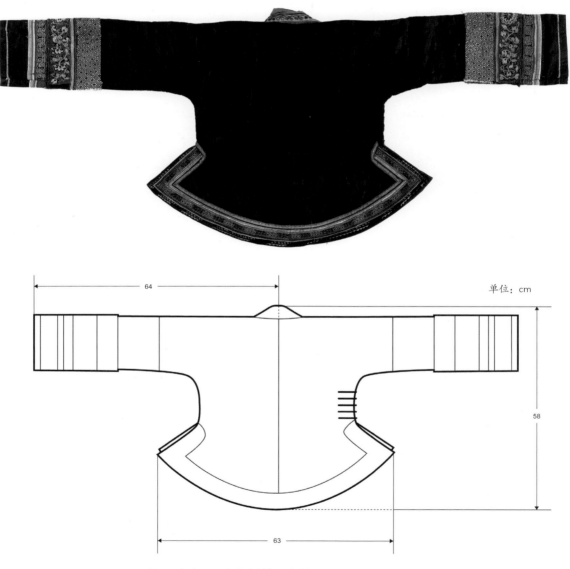

图 83（c） 云南文山壮族黑色刺绣女上衣背面及款式图

单位：cm

64

58

63

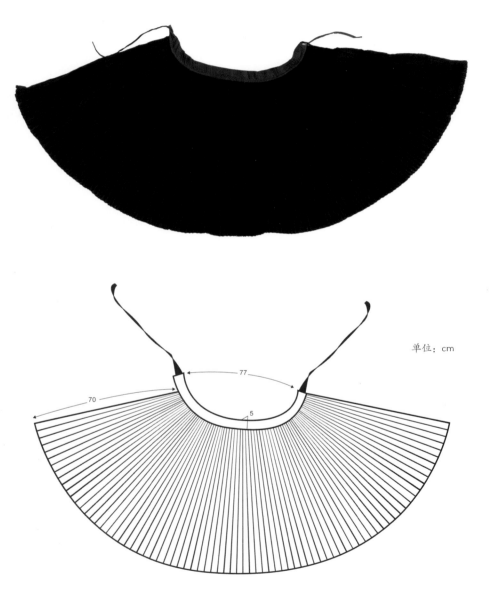

单位：cm

图 84　云南文山壮族素黑百褶裙及款式图

图 85　云南文山壮族黑色刺绣女上衣及素黑百褶裙组配

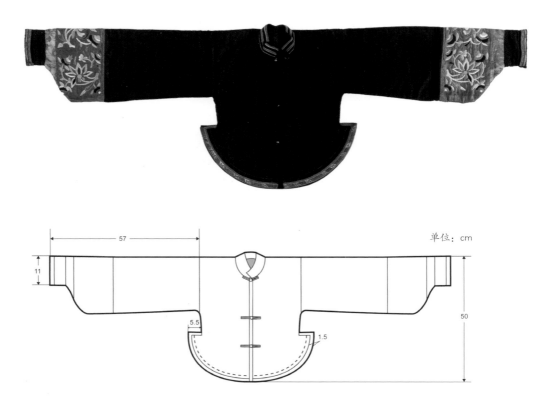

图 86（a）　云南文山壮族黑色刺绣女上衣正面及款式图

图 86（b）　云南文山壮族黑色刺绣女上衣局部

此件为仰侬壮族女嫁衣，立领对襟，窄腰小袖，长仅及腰，衣摆只盖住裙头，腰部突然收缩，使半圆形的下摆上翘，似鸟翼，壮语称"必迪兰"（鹰翅膀）。铜制纽扣从领口开至下摆，领口、下摆、袖口均有精细的缠枝花纹和几何纹。立领边缘钉有双排银钉，中间领扣为花样景泰蓝造型。位于衣袖处的红色缎面上运用破丝绣的工艺手法绣有缠枝花纹样，表现对生殖的崇拜。袖口处镶有3寸宽的杂色拼布与三角叠布。上衣面料为植物染亮布，壮族的服装以黑色为尊贵的颜色，黑色上衣暗藏竖条纡线，将蓝色内衬与亮布密实相接。底摆外边栏采用细致的堆布与平金绣，及三个为一组的彩色锁绣小圆圈作为装饰。在衣服的袖口和底摆处运用传统倒三针手法进行装饰，既起到固定的作用，又达到美观的效果（图85、图86）。

　　此件百褶裙，长至膝盖，用自家织染的黑色亮布作裙摆，裙摆幅宽3.6米，裙褶繁多、皱厚重且密不透风，有一定的保暖作用。裙身由两种亮布拼接而成，衔接处嵌有彩色锦条作为装饰。在裙头两端各有两条长短不一的素蓝条带子，系裙时由前面围向后面或左右相向而围，留有系带自然垂下。仰侬妇女常将长裙左盘右旋绞结在后腰下状如鸟尾，壮语称"盘拜"，是"禽尾"的意思。这种装扮古代被称作"尾濮"，也称作"骆越"，壮语意思为崇拜鸟的越人，现称此式为"著尾"（图87）。

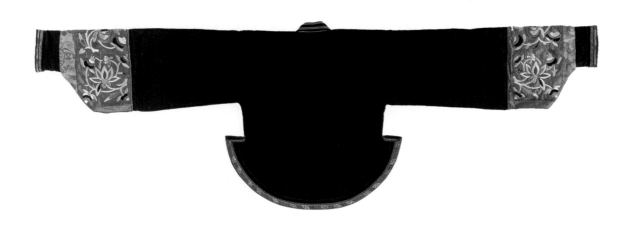

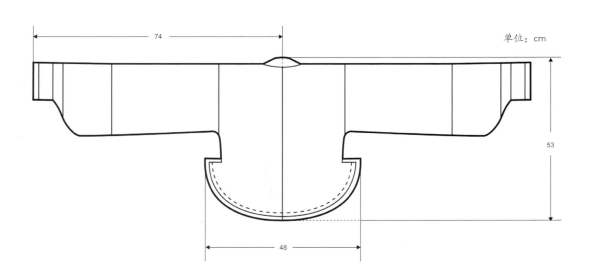

单位：cm

图 86（c） 云南文山壮族黑色刺绣女上衣背面及款式图

单位：cm

图 87　云南文山壮族素黑百褶裙及款式图

广西百色隆林金钟山壮族女子套装

图 88　广西百色隆林金钟山壮族女子上衣

　　青衣壮是指崇尚青色的壮族支系，主要分布在广西北部的柳州融水、广西西南地区的隆林革步、金钟山一带。"青衣"的制作类似侗族的"亮布"，将土布经数次蓝靛染色，再进行捶打，直到布非常光亮为止。

　　隆林地区的青衣壮为上衣下裤式样。其上衣非常有特色，内衣和外衣搭配穿着。外衣无领右衽，采用青布缝制，领口及领口右侧第一粒布扣处镶银铃组成的银花作为装饰，内衣一般采用绿色或蓝色布料缝制，短立领，立领上镶嵌黑色条带；外衣袖宽且短并镶嵌黑色条带，内衣袖镶嵌由黑色条带组成的锯齿形、菱形、三角形等图案，窄而长，内、外衣形成两层衣袖，美观大方。据说，衣领和衣袖上的纹样来源于古老传说（图 88 ~ 图 90）。

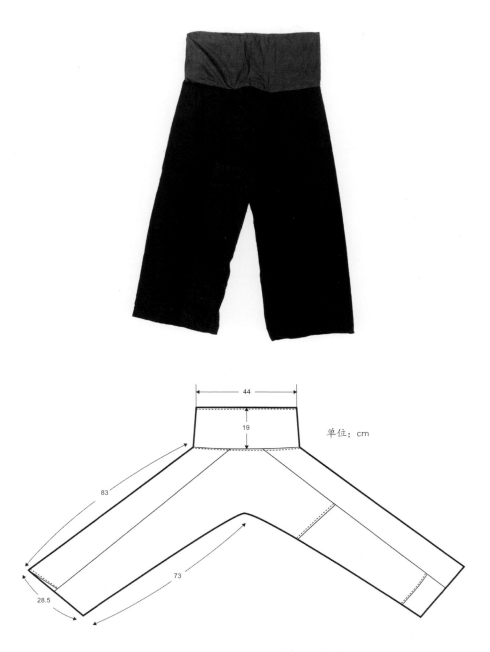

图 89　广西百色隆林金钟山壮族女裤及款式图

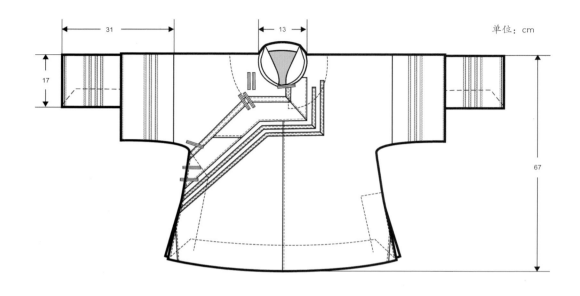

单位：cm

31

13

17

67

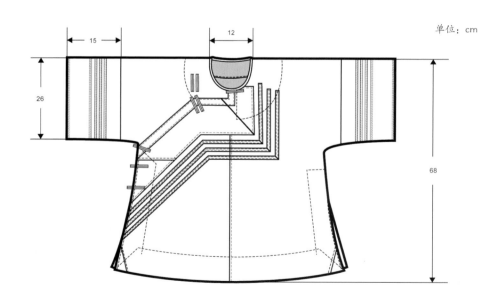

单位：cm

15

12

26

68

图90（a）　广西百色隆林金钟山壮族女上衣（内外）正面款式图

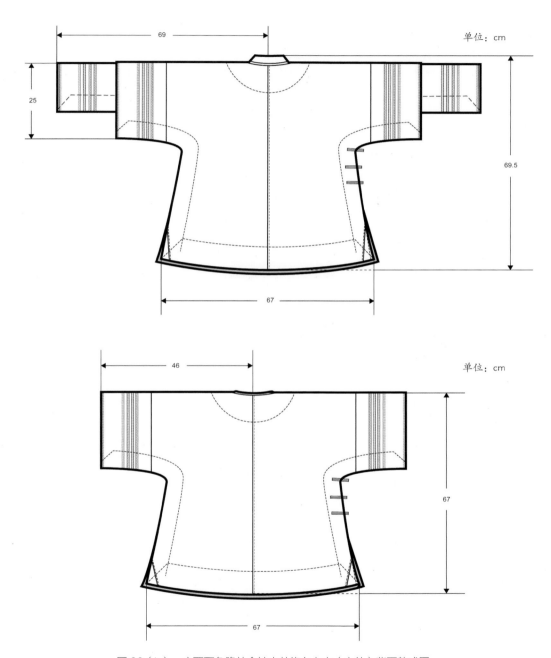

单位：cm

单位：cm

图 90（b） 广西百色隆林金钟山壮族女上衣（内外）背面款式图

侗族

侗族主要分布在贵州、湖南和广西等省、自治区。侗族擅长建筑，侗寨依山傍水，鼓楼、风雨桥、戏台等建筑结构精巧、堪称一绝。侗族能歌善舞，其大歌享誉海内外。

侗族服饰款式简约舒适，人们日常穿着的服装多为宽松型，便于活动。侗族妇女的服饰，基本上是青色百褶裙、打绑腿，束腰带，穿卷鼻云钩鞋。上装为无领无扣对襟带子衣，或有领有扣右衽包襟衣。夏秋穿开襟衣，衬胸襟，头挽盘髻，扎银质梳子或木梳。侗族男子着对襟窄裤或右衽短衣宽裤。

侗族服饰多用自种的棉花、自纺自织自染的侗布为衣料，细布、绸缎多做盛装配饰。喜着青、紫、黑、蓝、白、浅蓝等色。

贵州榕江侗族黑地刺绣女上衣及黑色棉布百褶短裙

图 91　贵州榕江侗族黑地刺绣女上衣及黑色棉布百褶短裙组配

整件上衣以黑色库缎为表布，蓝染平纹棉布为里，袖口另附艳绿色绸里。琵琶襟、领襟、下摆及袖口为其重点装饰部位，镶彩色织锦边，配以马尾绣。下身是百褶短裙，深蓝黑色麻棉为面料，裙褶硬挺。裙长及膝，下配绑腿包裹小腿。裙腰两端有连接系带的扣袢，穿着时围绕腰臀一圈有余，然后结带系于腰间（图 91 ~ 图 93）。

　　本件上衣为寨嵩地区侗族的冬季女式外套，通常穿在长袖长衫外。基本款式为圆领缺襟型样式，也称为半偏襟。衣身前后中心线断缝，左门襟拼接半偏襟结构，半偏襟上窄下宽，遮掩部分右衣片，形成右衽，衣长及臀。沿门襟边钉缝五粒錾花铜扣，一字直扣袢。袖子长至肘弯，袖口多层翻折，穿着时会露出内套长衫的长袖。衣摆弧形起翘，两侧开衩。寨嵩侗族的夏装和秋季服装都与此不同，盛装时，还会配穿菱形肚兜，腰部前后均系五彩围腰，再配上各种银质头饰颈饰等。

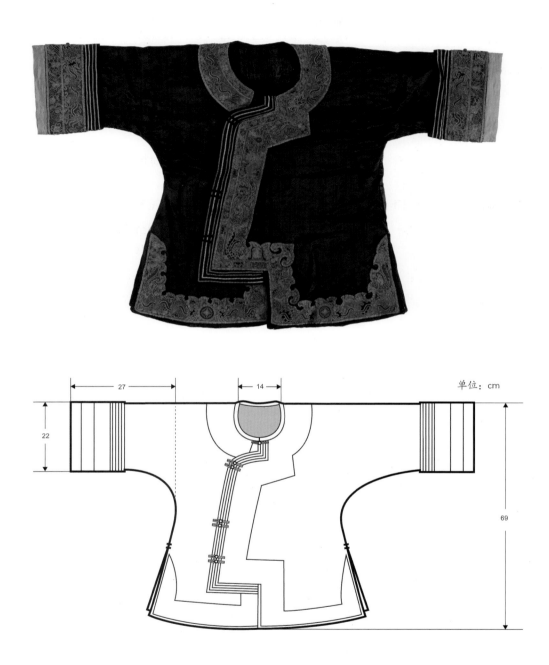

图92（a） 贵州榕江侗族黑地刺绣女上衣正面及款式图

单位：cm

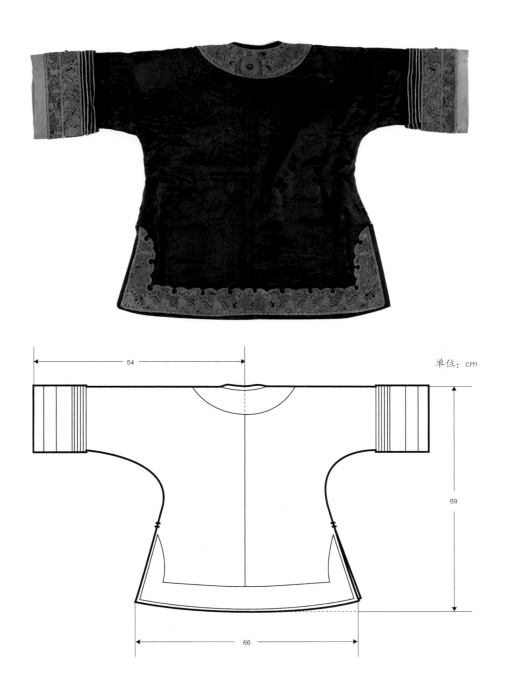

单位：cm

图 92（b） 贵州榕江侗族黑地刺绣女上衣背面及款式图

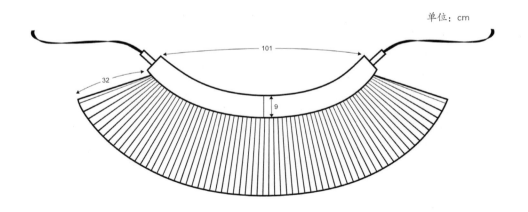

单位：cm

101

32

9

图93　贵州榕江侗族黑色棉布百褶短裙及款式图

贵州从江侗族女装及黑色布百褶短裙

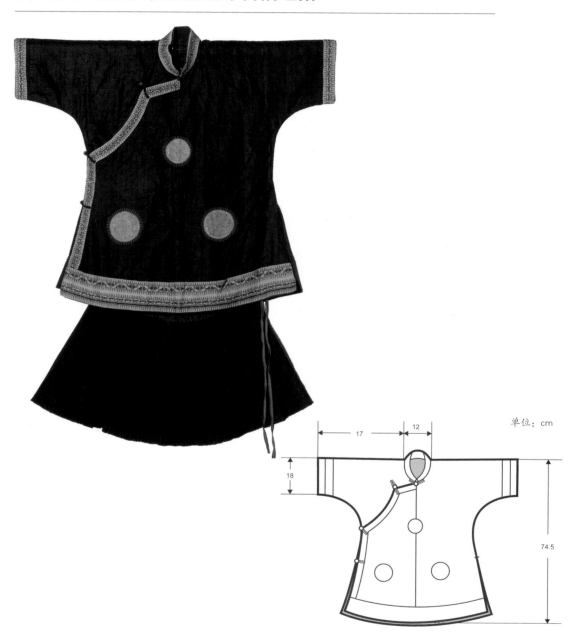

单位：cm

图 94 贵州从江侗族女装及黑色布百褶短裙组配正面及款式图

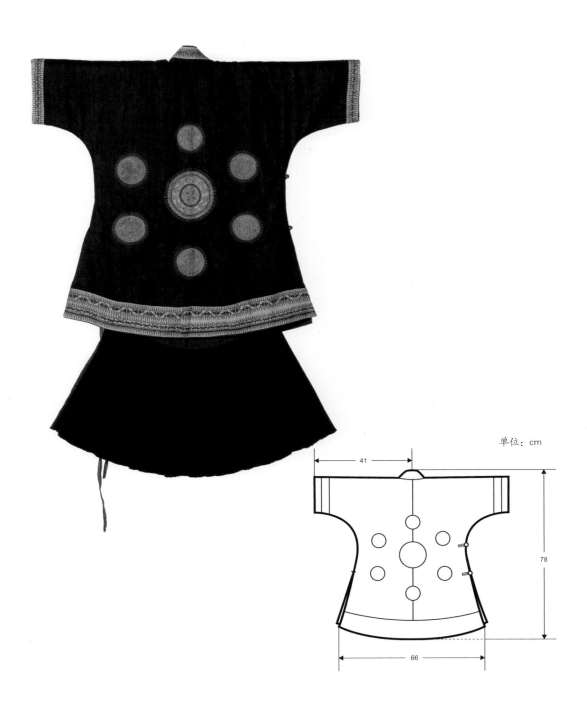

单位: cm

图 95　贵州从江侗族女装及黑色布百褶短裙组配背面及款式图

上衣立领、大襟、右衽，领口、襟边、袖口及下摆镶蝴蝶、花卉、几何纹花边。下装为青黑色细褶短裙，裹绑腿、穿绣花鞋。上衣面料为侗家自制亮布，衣身前后绣有太阳纹图案，前片三个呈品字形，后片环绕中心绣有六个略小的太阳纹样。配色以黑、黄两色为主，造型配色古朴神秘，刺绣极为精美（图94～图97）。

此件侗族女装的太阳纹样由旋涡状的盘蛇纹组合而成，圆周绣有一圈向外发散的短线，象征着太阳的光芒。侗族以稻作文化著称，侗族人崇拜太阳，希望获得大自然的恩赐和保佑，因而，太阳纹的图案在侗族的芦笙服、背扇上常有使用。盘蛇纹源于侗族人的畏蛇之心，常常装饰在侗族祭祀及节日庆典的服饰上。此件女装应是侗族女子的盛装，在重大活动时穿着。

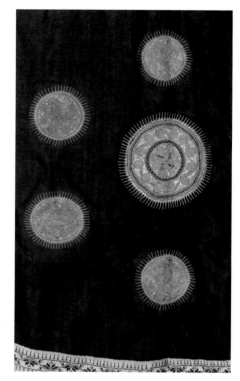

图96 贵州从江侗族女装上衣背面局部

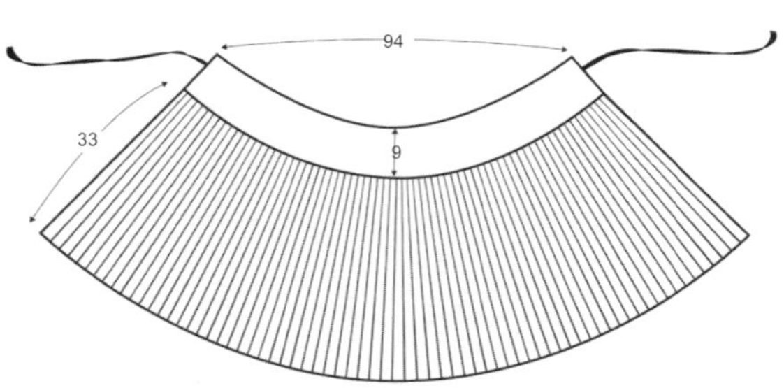

单位：cm

94

33

9

图97 贵州从江侗族黑色布百褶短裙款式图

黎族

　　黎族主要聚居在海南省，是我国最早从事棉纺织的民族之一。黎族共有五个方言区，分别是哈、杞、润、赛、美孚方言区。

　　哈方言黎族妇女穿开襟无领上衣，胸前喜挂银饰或云母片，花筒裙长及膝盖。杞方言妇女服饰上衣对襟圆领，前有袋花，后有腰花和长柱花，下穿织花裙。润方言妇女穿贯头衣和超短筒裙，短裙以上、中、下三幅布打横连接起来。赛方言妇女穿圆包胸侧开襟上衣，筒裙宽大，下摆华丽精致，上衣为浅色，在浓厚的黑红色彩中，显得清新、淡雅。美孚方言妇女穿方领上衣，筒裙长及小腿，是各方言黎族中筒裙最长的。

　　男子服饰由上衣、腰布和头巾组成。男子上衣开胸、无纽扣，仅有一条绳子绑住。"丁"字形的腰布古称"犊鼻裤"，还有另一种下服称为开衩裙，这种裙子上窄下宽，用绳子绑腰，没有花纹图案。

图 98　海南黎族女上衣及筒裙组配

这套女装的上衣前襟两边各有一行铝制扁圆形金属纽扣作装饰。圆形纽扣和三角形扣交叉排列。后背下摆三分之一处有刺绣装饰。袖口有三寸宽白布边，白布之间有两条刺绣细条纹或者红色细条纹。

　　筒裙由三幅织锦带缝制而成，裙头部分较为简单，素面无花纹或者以横线纹为主（图98～图100）。

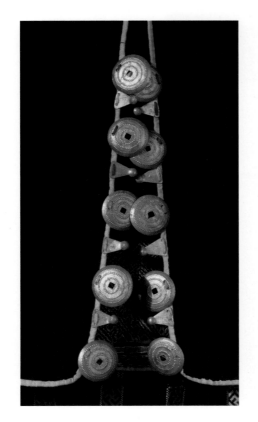

图99　海南黎族女上衣局部

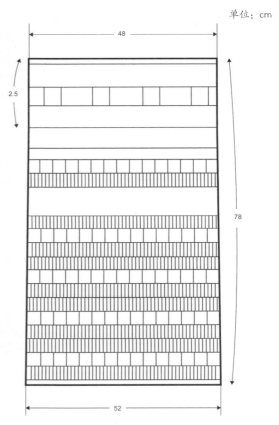

图100（a）　海南黎族女下裙款式图

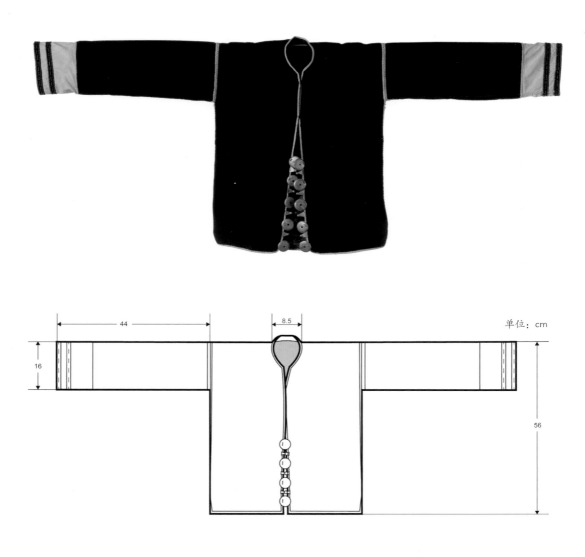

图 100（b） 海南黎族女上衣正面及款式图

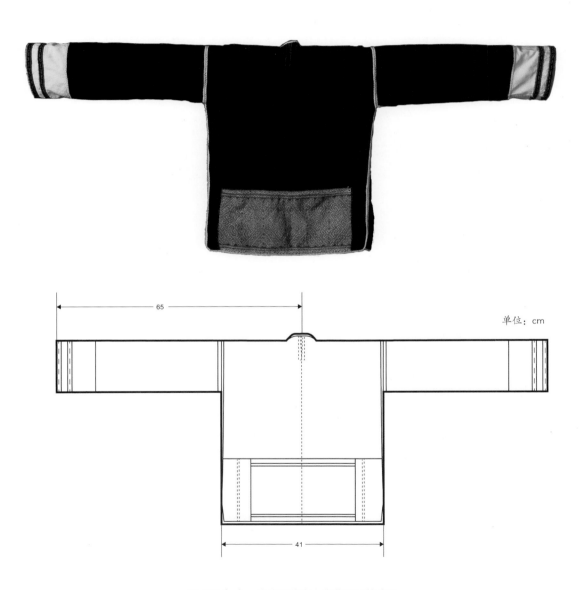

单位：cm

图 100（c） 海南黎族女上衣背面及款式图

海南黎族女上衣及筒裙 ②

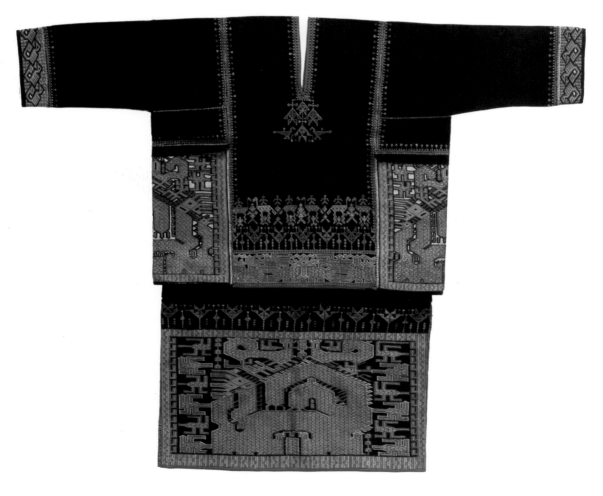

图 101 海南黎族女上衣及筒裙组配

此套女装为海南润方言地区黎族服饰，润方言地区黎族原被称为"本地黎"，其服饰为古老的贯头衣，以及筒裙。由于润方言黎族居住在炎热的地区，人们的服装以短小精干为主要特征。润方言黎族人的服装在特殊场合下有反穿的习俗，因而就要求服饰图案无论正、反面，都能够显示出精美的服饰纹样。润方言黎族的双面绣堪称世界之绝，在刺绣的过程中为了实现正、反面的服饰纹样保持一致，润方言黎族妇女利用数纱的方式创造了很多针法，将服装上衣的前后襟底摆和腰部两侧的位置刺绣出精美的纹样。

　　此款贯头衣收藏于 20 世纪 90 年代初，整体分为七片矩形结构的衣片，主题为黑色棉布，刺绣为红、黄搭配的大力神纹样（图 101 ~ 图 103）。

图 102　海南黎族女上衣局部

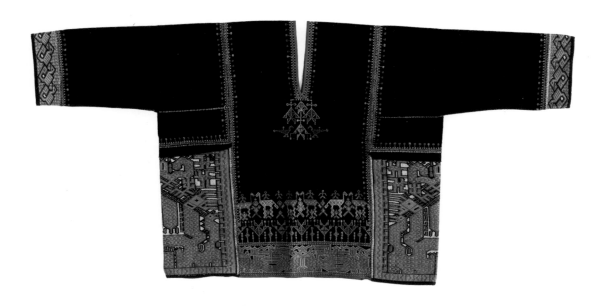

单位：cm

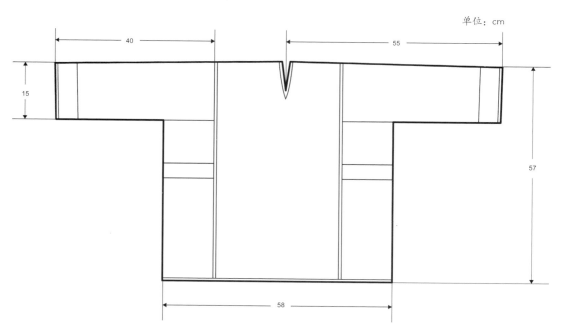

图103（a） 海南黎族女上衣正面及款式图

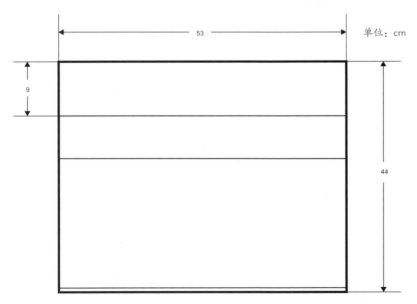

图 103（b） 海南黎族女下裙及款式图

黎族龙被

图104（a） 黎族龙被

龙被是黎族特有的一种纺织品，民间称为龙被或大被，文献上称为崖州龙被或崖州被。它是黎族宗教用品之一，是精美的工艺品，也是黎族进贡历代封建王朝的珍品之一。

在民间人们举行重大的活动时，如祭祖、过年拜神、婚礼、祝寿、盖房等都要挂龙被，祈求平安；丧葬时要用龙被盖棺，以示死者身份高贵。此件藏品构图严谨、色彩艳丽、层次分明，为三联幅龙被，上面刺绣有龙凤图，图案栩栩如生，惟妙惟肖，是受汉文化影响所致，并把汉文化的标识性元素，融汇在龙被图案的构成中（图104）。

图104（b）　黎族龙被局部

黎族筒裙布料

图 105（a） 黎族筒裙布料　　　　　　　　　图 105（b） 黎族筒裙布料局部

图中所示布料为制作黎族女性筒裙的布料。这块布料由蓝、黑两部分拼接组成。布料的一半为深蓝色，布料上绣有甘工鸟纹，鸟纹部分图案分别有白、黄两种颜色，其图案构成为上中部有两个三角形，下部为菱形，左右两侧各有一个呈 90° 直角的翅膀，外侧包围红色线条组成的箆纹。甘工鸟纹寄予着黎族人对幸福的追求及对吉祥的渴望。黎族地区流传着数个版本的甘工鸟故事，不同版本甘工鸟故事的内容大同小异，都传达出了黎族人民对恶势力的坚决抵抗及对自由幸福的不断追求。此外，黎族人认为鸟类可以带来好运与丰收，鸟纹也在大量使用的过程中逐渐转换为黎族的一种图腾符号，出现在黎族民众生活的方方面面。另一半布料为黑色，绣有类似现在英文字母"E"的图案，开口方向有朝左下角和右下角两个方向，纹样颜色有白底红纹和黄底绿纹两种。该布料上下拼接部分由黄色线绣成连续的"几"字纹样进行衔接过渡。

　　黎族服饰的制作面料大多是利用海岛上的棉、麻、树皮等植物纤维与蚕丝配合制作而成，并且利用植物，配合动物及矿物中的原色，提取色素进行面料颜色的染制。蓝色的面料可用蓝草、谷木叶或蓝靛提取制作而成，黑色的面料可以使用墨树的树根及树皮或者乌桕叶等植物提取的颜料制成。常见的黎族染色工艺有煮染、捣染、埋染、撷染、扎经染色五种方式。在筒裙制作的过程中，其颜色与图案都被赋予了诸多含义。

　　筒裙是黎族妇女的传统服饰，在一些场合中也被赋予了特殊的含义，如黎族人有向成年女孩赠送筒裙的习俗，传达美好祝福与期许。筒裙布料制作过程中的诸多元素其实是黎族女性对于审美、价值取向、人生追求、社交生活等思想活动的物质化体现（图 105）。

黎族秤杆纹头巾

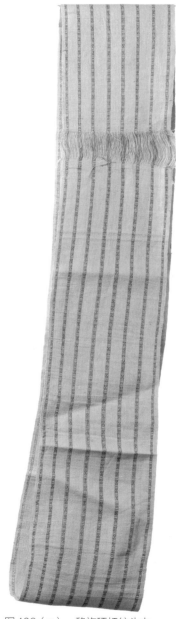

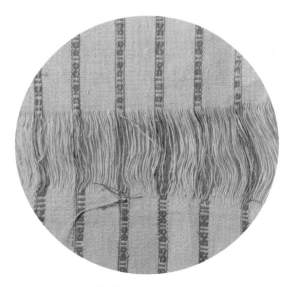

图 106（a） 黎族秤杆纹头巾　　　　　　　　　图 106（b） 黎族秤杆纹头巾局部

头巾是黎族服饰中不可缺少的一部分，它与上衣、下裙共同构成一套完整的黎族服饰。在黎族服饰中，不论男女都有戴头巾的习惯。这块头巾为秤杆纹头巾，黄色，长条形，纹样由棕色线织成。该头巾纹样由一左一右两个"口"字形组成，中间有一横线连接，形成"口—口"图案，形似秤杆，每个秤杆图案之间用竖线隔开，如此循环，形成上下总共八行连续的秤杆纹样。头巾两端未锁边，呈流苏状（图106）。

　　黎族头巾分为长巾与短巾两种类型。头巾看似形制简单，但其中包含了黎锦制作过程中的纺、染、织、绣几大工艺，同时黎锦上的不同纹样也承载着黎族人民在不同时期的文化与思想内涵。

彝族

彝族主要分布在云南、四川、贵州三省。彝族支系繁多，有诺苏、聂苏、纳苏、乃苏等自称，彝族有自己的语言文字，彝语属汉藏语系中的藏缅语族。

彝族服饰种类繁多，色彩纷呈，是彝族传统文化和审美意识的具体体现。根据彝族服饰的地域、支系民俗的表现，可将彝族服饰划分为凉山、乌蒙山、红河、滇东南、滇西、楚雄六种类型，各种类型又可分为若干式样。常见的凉山地区彝族服饰，其男子身着大襟式、宽饰边长袖衣，下着肥大长裤，头扎"英雄髻"，身披羊毛"擦尔瓦"，脚穿布鞋，左耳佩一颗蜜蜡玉大珠。女子穿无领大襟式窄袖衣，外套镶绣有精美纹样的深色坎肩，下着宽大的五色百褶裙，脚穿绣花鞋，头顶一方头帕，帕上有精细刺绣，用长辫将其盘在头上。首饰有手镯、耳坠、项链、领花等银质饰品。流行于云南红河、楚雄等地的鸡冠帽是极有特色的彝族少女头饰。

云南文山麻栗坡彝族贴布蜡染女上衣及贴布蜡染女裙

图 107　云南文山麻栗坡彝族贴布蜡染女上衣及贴布蜡染女裙组配

本件藏品为云南文山州地区的彝族女上衣，衣长67厘米，展开通袖全长157厘米，袖口宽18厘米，衣身底摆宽65厘米。基本结构为平面裁剪，圆领对襟，腋下有三角贴布，胸前有14粒金属色铜扣，下摆呈水滴形，两侧开衩。上衣为灰蓝棉布质地，单层无里。领口、袖子、衣摆、门襟处有黑色边饰。两端袖头镶有彩色贴布、水波纹刺绣与绿色绦子边。领口和衣襟下摆装饰有多层贴布与太阳花纹样，门襟处除有贴布、太阳花等装饰外，还有方格纹蜡染纹样。整件上衣集合了彝族刺绣、蜡染的工艺手法，图案层次分明、对比强烈、风格古朴，整体风格和谐统一（图107、图108）。

　　此件彝族女裙的刺绣部分，以彩色丝线表现丰富的图案，细致入微，纤毫毕现，富有质感。裙摆部分运用了彝族蜡染的传统工艺，以蜂蜡作为防染材料。具体操作是用蜡刀蘸取熔化的蜡液在白布上描绘几何图案或花、鸟、虫、鱼等纹样，然后进行低温染色，民间多使用天然植物染料蓝草进行蓝靛染色，经多次复染达到满意的蓝色之后用水煮脱蜡即可显现蓝白分明的花纹，呈现朴实素雅、和谐统一的风格（图109）。

图108（a）　云南文山麻栗坡彝族贴布蜡染女上衣局部

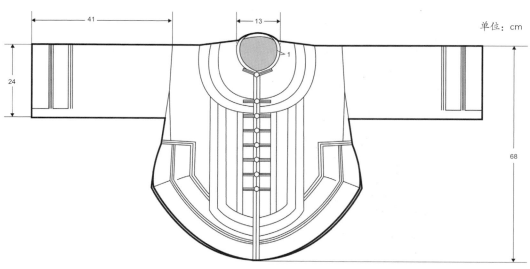

单位：cm

图 108（b） 云南文山麻栗坡彝族贴布蜡染女上衣正面及款式图

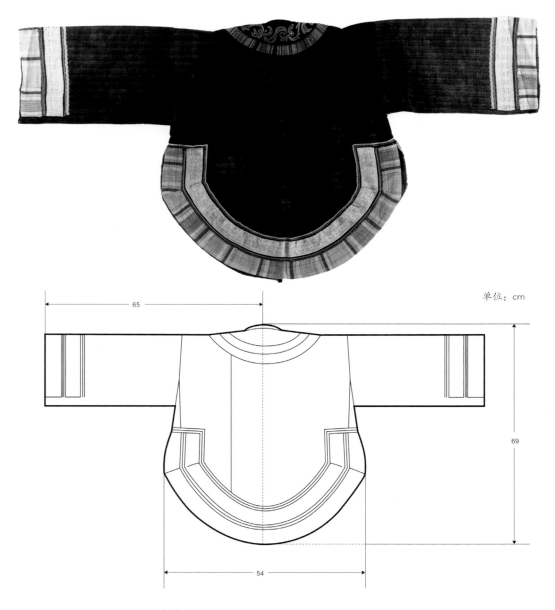

单位：cm

图108（c） 云南文山麻栗坡彝族贴布蜡染女上衣背面及款式图

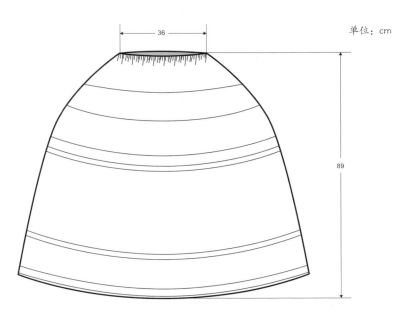

单位：cm

图 109　云南文山麻栗坡彝族贴布蜡染女裙及款式图

云南文山麻栗坡彝族蜡染对襟女上衣及贴布蜡染女裙

图 110　云南文山麻栗坡彝族蜡染对襟女上衣及贴布蜡染女裙

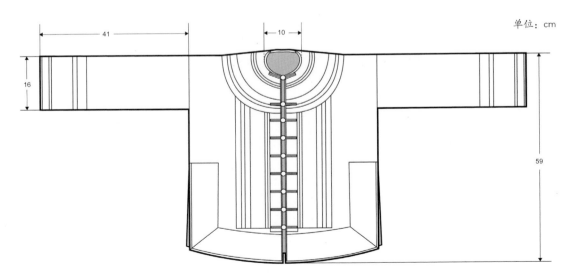

単位：cm

图 111（a） 云南文山麻栗坡彝族蜡染对襟女上衣正面及款式图

上衣为蓝地条纹布，圆领、对襟，一字布纽铜扣，两侧开裾，袖口、衣摆以蜡染镶边，环肩、襟缘镶贴织锦边；上衣托肩及对襟处拼接织锦与花边，对襟绣水波纹，再向内为菱形纹，依次排列，每四个颜色相同的菱形纹按照菱形位置排列，排列位置与颜色皆有规律可循。上衣门襟处绣有折线纹与菱形纹，底色与纹样可形成小单元，每一小单元底色分为六块，包含粉、黑、绿三种颜色，每相邻两种颜色不同，上饰有纹样，上下为菱形组成的心形纹样，中间为三道折线纹，每个小单元之间由六条横线纹隔开（图110、图111）。

下着直筒长裙，以蜡染布条、织锦、五彩三角花布条拼接而成。不同颜色三角形贴布每两个组成一个正方形，每行三角形贴布由蜡染布条或织锦间隔开，共四行三角形贴布。下裙裙摆蜡染星点纹、织锦和布条锁边（图112）。

手帕为正方形，以蜡染、织锦和花边拼接而成，最外圈为蜡染纹样，中间拼接褐地白色条纹布料，中间及右上角拼接两小块织锦，每块上各绣九朵四瓣花。

此套服饰集纺织、蜡染、镶绣等多种工艺手法于一身，工艺精细，色彩清新素雅，端庄大方。服饰上的主体纹样为鱼鳞纹，相传是为了感怀龙王降雨普救众生而仿其鳞甲所制。

图111（b）　云南文山麻栗坡彝族贴布蜡染女裙局部

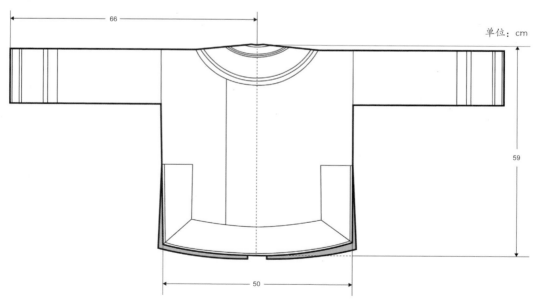

单位：cm

66

59

50

图 111（c） 云南文山麻栗坡彝族蜡染对襟女上衣背面及款式图

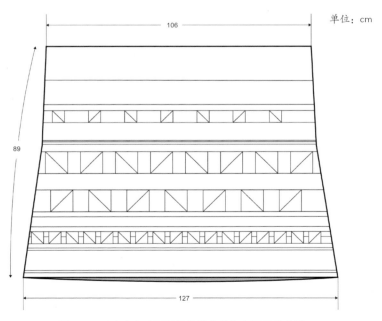

图 112　云南文山麻栗坡彝族贴布蜡染女裙及款式图

云南红河州石屏彝族女装

图113　云南红河州石屏彝族女装组配

花腰彝是生活在我国云南省红河哈尼族彝族自治州石屏县北部高寒山区龙武、哨冲镇、龙朋镇一带的彝族尼苏支系的一部分，自称"尼苏"，他称"花腰"，此套服饰为花腰彝姑娘的节日盛装，包括长上衣和外穿女式坎肩、围腰和飘带。坎肩主体为黑布面，圆领，对襟，布纽镍币扣。前后襟均装饰有纵向边饰，绣有花卉或布贴彩色布条。衣领周围布贴绣向日葵（太阳花）的花卉纹样及点线方形纹，领口处绣三行铝泡，最上边的左右两行各五个铝泡，下边的左右四行各六个铝泡。两侧内衣襟边各绣有一组花卉纹，以白色点线方形纹为框。外侧衣襟绣有点线方形纹及折线纹。侧面衣带饰各色贴布。坎肩背面中间绣三排花卉纹，纹样与内侧衣襟处相同，饰白色点线方形纹为框。

内穿长衣为深蓝色布地，左下衣摆为黑色布地，立领，右衽，一字布纽布扣，袖口内卷，左右双侧开高裾。内穿长衣领口贴花色布条，肩拼浅蓝布地，上贴黑色布地羊角纹，粉色线锁边，肩部装饰下缘绣有花卉纹，与内卷袖口纹饰相同。左侧衣摆内侧下缘饰数行花卉纹样，衣摆内中间及两侧饰有白线绣火焰纹。

围腰呈长方形，黑底布，下缘贴绣花卉纹，左右各有一根白布地绣花系带。围腰下部绣有对称花卉纹，左右两侧围腰系带为白地，绣有花卉纹及蝴蝶纹。系带两端不对称，左侧带头上部分绣八角纹，边框绣白色点线方形纹，下半部分为黑布地绣八角纹，下缀一行彩色绣线；右侧系带带头短于左侧系带带头，为黑布地，上绣犬齿纹及八角纹，下缀两行彩色丝线。

飘带为深蓝色布地，两端有三角形黑色贴布，黑布地右上角及左下角贴绣绿布地粉线火焰纹，右下角以白色点线方形纹围边框起，内绣花卉纹。三角形贴布两短边，分别绣有花卉纹与点线折线纹（图 113 ~ 图 116）。

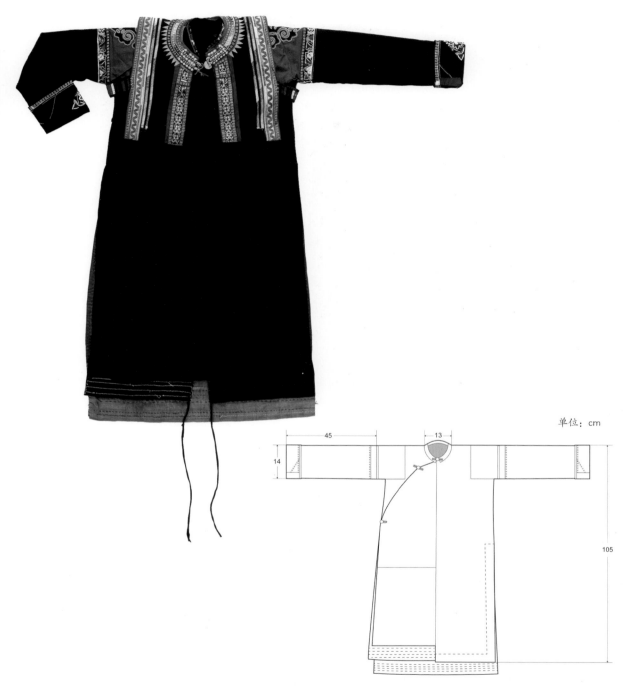

单位：cm

图114（a） 云南红河州石屏彝族女装正面及款式图

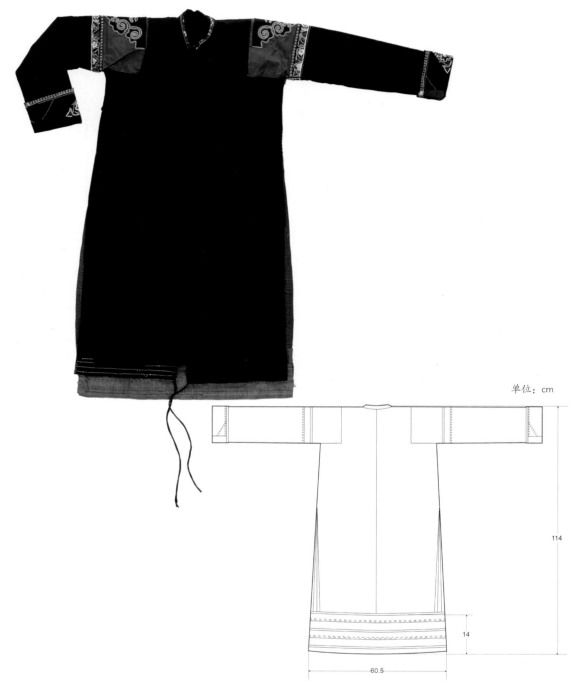

单位：cm

114

14

60.5

图 114（b）　云南红河州石屏彝族女装背面及款式图

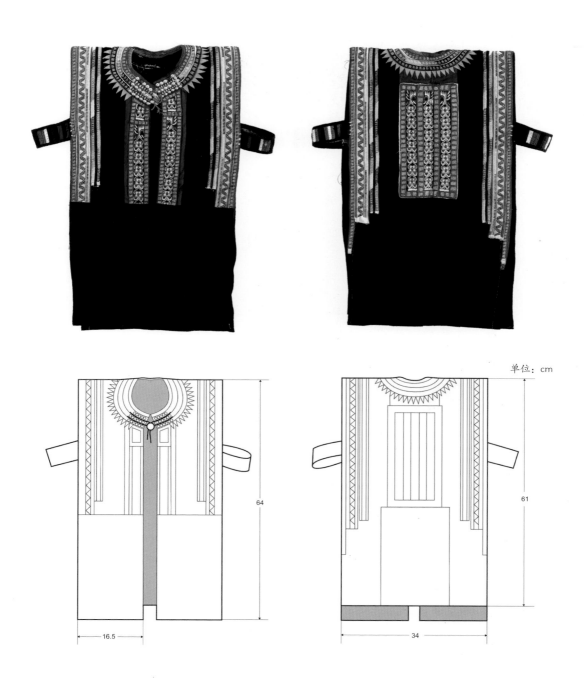

单位：cm

图 115　云南红河州石屏彝族女装外衣正背面及款式图

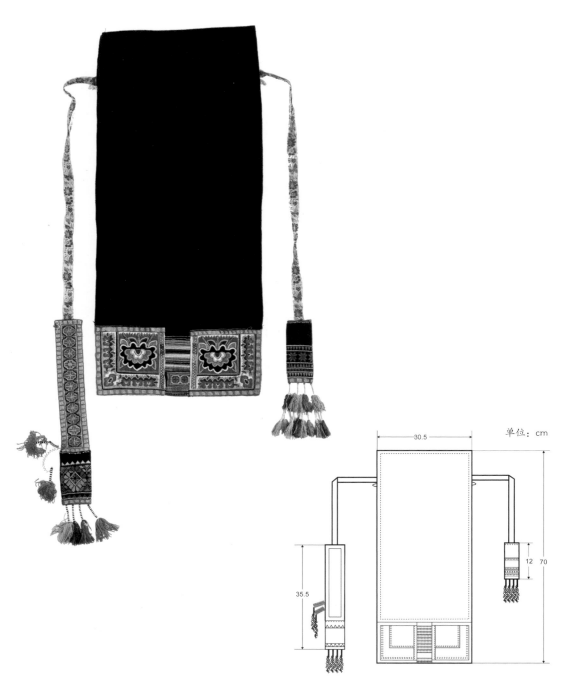

单位：cm

30.5

70

12

35.5

图 116　云南红河州石屏彝族围裙及款式图

云南富宁县彝族女装

图 117　云南富宁县彝族女装组配

此套服装为云南富宁县彝族女装，整套衣服分为四个部分，分别为上衣、下裤、头巾与围腰。服装整体为黑布地，拼接贴绣其他颜色布。彝族人有崇尚黑色的审美习俗，且沿袭至今。黑色被看作是土地与财富的象征。

　　上衣为黑、蓝、褐色布拼接的蝙蝠袖短身上衣，圆领，对襟，四方布纽铜扣。对襟与后背绣白、蓝、黑、黄、绿五色菱形纹。衣摆自最下面扣开始，沿衣摆钉双行薏苡籽为饰。两侧衣袖上臂拼接褐色布，下臂拼接黑色布，以刺绣为边饰，绣有鸟纹、火镰纹。下着黑布裤，腰、裆、裤腿肥大，裤脚以刺绣为边饰，绣有鸟纹等。头巾为黑色棉布，上绣鸟纹，与上衣两袖及裤脚相呼应。围腰边缘饰一圈薏仁籽，上绣鸟纹与犬齿纹（图 117 ～图 119 ）。

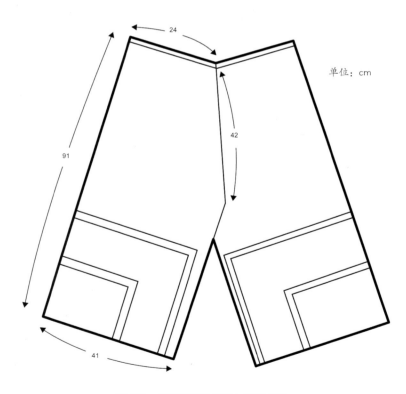

图 118　云南富宁县彝族女裤款式图

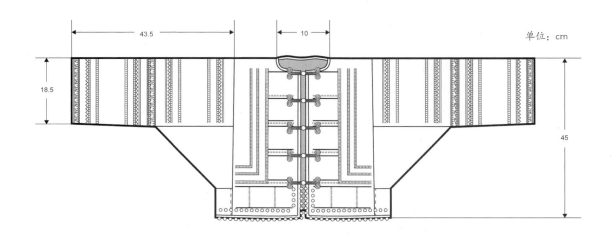

图 119（a） 云南富宁县彝族女上衣正面及款式图

单位：cm

单位：cm

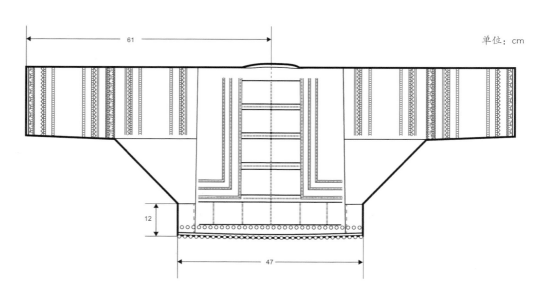

61

47

12

图 119（b） 云南富宁县彝族女上衣背面及款式图

图 120　四川凉山彝族女装组配

此套服装为四川凉山彝族女装，为上衣下裙。上衣为黑地布，圆领，大襟右衽，宽袖，两侧开裾，双排一字布纽扣。领口与袖口有蓝、红、白三色贴布，上衣下缘饰有蓝、红、白三个三角形贴布，三角形内绣有羊角纹。下裙分为两部分，上半部分为红色筒裙，下半部分为黑色百褶裙，下半部分中部有红色条纹，裙边有蓝色、红色两条包边（图120、图121）。

百褶裙为纯羊毛手工织作，一般由三到五节组成，分为上、中、下三段，上段为腰头部分，中段为筒状、无褶，下段手工压成一道道细密的褶裥。凉山地区山谷相间，为了便于活动，百褶裙成为凉山地区妇女服装穿着的首选。百褶裙的放量设计满足了腿部在行走、劳作等活动时的空间需求。这件裙装上半部分的红色筒裙与下半部分的黑色百褶裙的颜色搭配，更形成了视觉上的冲击效果（图122）。

红色是凉山彝族服饰色彩运用中占比较大的颜色之一。"火"在彝族人的思想中有生存、繁衍等意义。彝谚有"生于火塘边，死于火堆上"。自古以来彝族人有崇火的传统，直到现在还有延续对火进行崇拜的"火把节"。在五行学说中，红对应五行中的"火"元素，而"尚红"自然是彝族人对火崇拜在颜色上的体现。

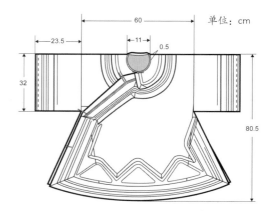

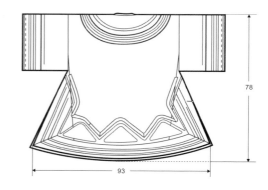

图 121　四川凉山彝族女装款式图

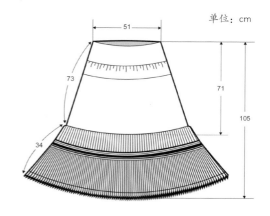

图 122　四川凉山彝族女装下裙款式图

云南文山麻栗坡彝族蜡染对襟三件套男上衣

图123　云南文山麻栗坡彝族蜡染对襟三件套男上衣正面

　　此件为彝族倮寨成年男子的开襟三层套装，俗称"三滴水"，配蓝布地绣水波纹腰带。三件套均为圆领，对襟，一字布纽铝扣，从里到外袖长依次变短，三层叠套，衣摆呈燕尾型，衣服左右及后侧开裾（图123～图126）。

　　最外层为坎肩，黑地布布满蜡染太阳纹，对襟处接织格花布，两肩饰长方形蜡染铜钱纹，后方开裾处使用织锦包边。中间一层为七分袖，为黑地布，两袖及衣襟、衣摆处饰蜡染图案。对襟处接织格花布，纹样与坎肩相同。手臂部分施以蜡染花纹，包括铜钱纹、三角纹、几何纹、太阳纹，不同纹样间用花布条相隔。最内层是蓝色横条纹长袖窄口土布衫，仅袖口有蜡染花纹。

　　成年男上衣是一个极具特色的套装形式，简洁大方，朴素典雅。制作方式是先制成衣形，再点蜡，染色，并剪开前襟、后尾，剜掉衣领贯首处。上衣服装形制皆为对襟圆领开衫，衣上虽有银扣，但为装饰，着衣不系扣，仅以内裳束以挑绣腰带。腰带为蓝布地，绣水波纹纹样（图127）。

三件套服装均为圆领，坎肩与中衣前襟有装饰用的盘扣，并缀有铜扣。门襟位置均有宽4厘米的贴布装饰，并且侧面和后摆均有开气。衣服的后摆处呈现三角形，类似燕尾，有傈人祖先从天而降的寓意。双层衣的所见之处均有细腻的蜡染图案装饰，并且在蜡染图案中用贴布绣的手法将细布条直线型地装饰于其中，贴布的边缘有金属色装饰条围绕，用线钉缝在布料上。拨开外层的坎肩，我们看到里面的长袖衣在领口、门襟和底摆处均绘有蜡染图案，毫不含糊。整件衣服的色彩以蓝白两色为主，拙朴素雅。

傈寨成年男套装需随着年龄的增长逐层剔除，风格统一但各具特色。按照傈人传统礼制，十六岁到二十几岁的时候三件套装一起穿着，二十几岁到六十几岁的时候剔除最外层坎肩，穿里面的两件，到七八十岁时再剔除中层衣服，只剩最里面的一件。这类男服也有一说为女方赠予男方的结婚信物，由女方亲自染制而成，多用于重要的仪式场合。

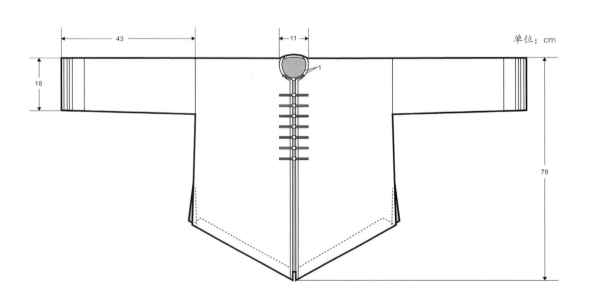

图124（a） 云南文山麻栗坡彝族蜡染对襟三件套男里衣正面及款式图

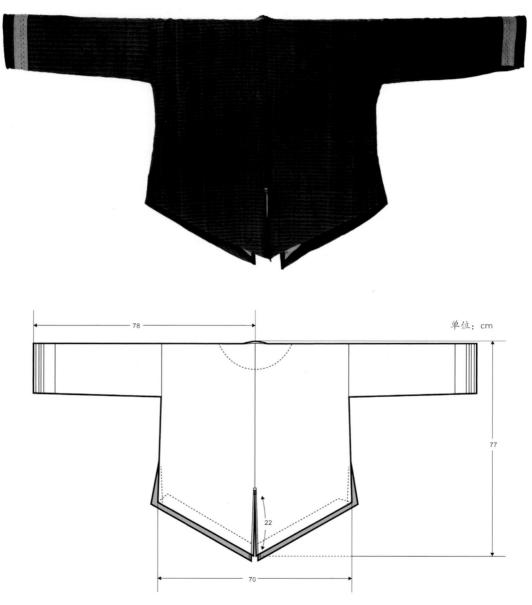

图 124（b） 云南文山麻栗坡彝族蜡染对襟三件套男里衣背面及款式图

单位：cm

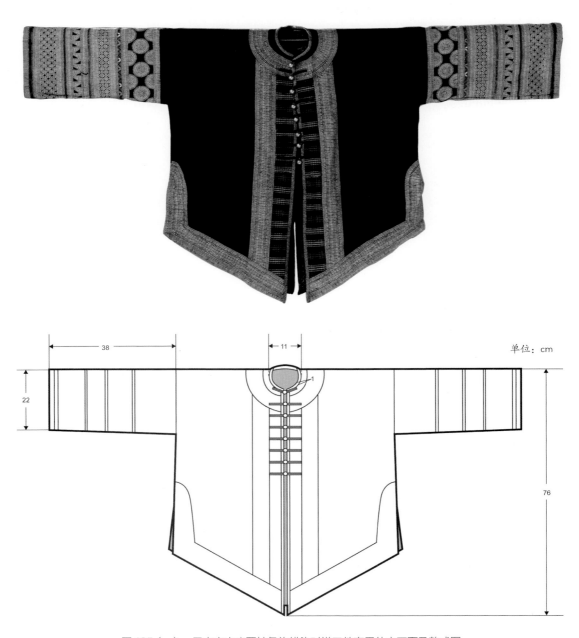

图125（a） 云南文山麻栗坡彝族蜡染对襟三件套男外衣正面及款式图

单位：cm

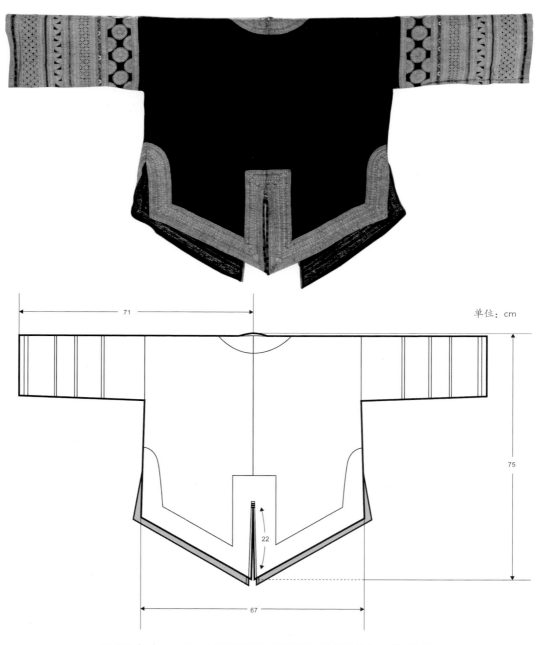

图 125（b） 云南文山麻栗坡彝族蜡染对襟三件套男外衣背面及款式图

单位：cm

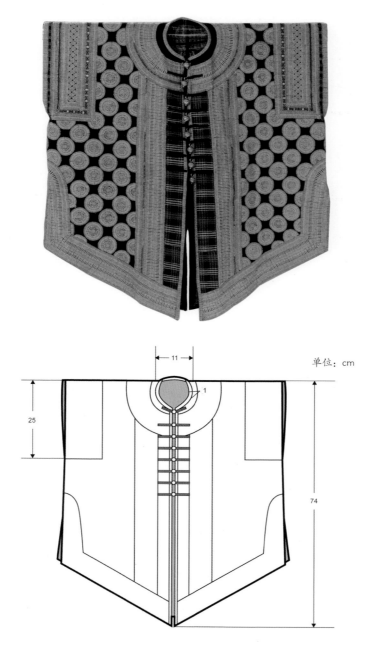

图 126（a） 云南文山麻栗坡彝族蜡染对襟三件套男坎肩正面及款式图

单位：cm

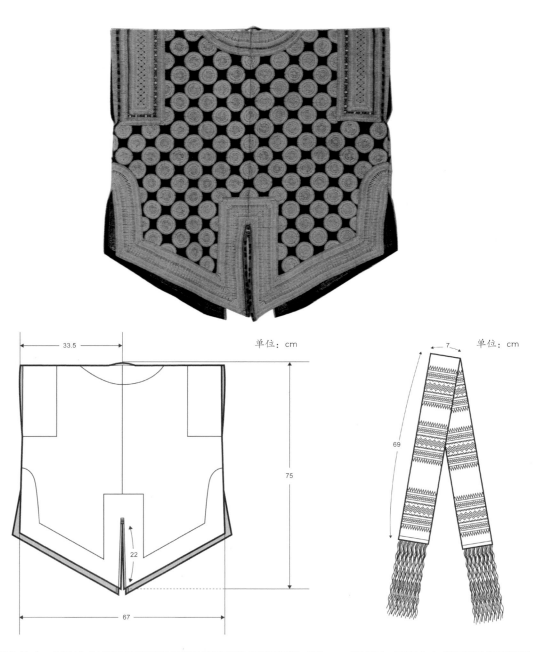

单位：cm

33.5

75

22

67

单位：cm

7

69

图126（b） 云南文山麻栗坡彝族蜡染对襟三件套男坎肩背面及款式图

图127 云南文山麻栗坡彝族蜡染对襟三件套腰带款式图

瑶族

瑶族主要分布在广西壮族自治区和云南、湖南等省，是我国南方比较典型的山地民族，瑶族精于蓝靛印染，以娴熟的蓝靛印染和印花技术，制作出了驰名国内外的"瑶斑布"。

瑶族服装多采用青色或蓝、黑色的布料。男子一般穿对襟或右衽、铜排扣上衣，亦有穿无领无扣短衫，下身常穿宽长裤，扎腰带及绑腿。妇女一般穿圆领花边对襟、无领无扣对襟或右衽长衫，下着挑花宽裤或百褶裙，扎红、白、黑等色的绣花腰带，围绣花围裙，系绑腿。

在瑶族各种挑花、刺绣的用品中，无论是大件的被面、披风，还是小件的香包、绣球，都喜欢用黄、红、绿、白、黑五色作为配色的基本色调。瑶族挑花刺绣的底布主要有黑、白两种颜色。一般白色的布底用红、（青）绿、黄、黑四色配色；黑色布底用红、（青）绿、黄、白等四色配色。

湖南江华瑶族女装

图 128　湖南江华瑶族女装组配

此套服装为瑶族女装，包括上衣、下裤、围裙、背包及花帕。

上衣对襟，宽袖，两侧开裾，领口挂有长方形织锦，织锦边缘饰有串珠，下摆有棕色丝络。领口、袖口及下摆都饰有狗头纹样，围裙下摆同样饰以狗头纹。上衣花边多为几何图案，四边匀称。狗头纹样的使用体现了江华瑶族对祖先图腾的崇拜。据传说，过山瑶的祖先盘瓠原型为五色犬，盘瓠的后人即为瑶族人，所以瑶族人会有对犬型图腾的崇拜，在服饰上也会装饰犬型的纹样（图128～图131）。

下裤宽腿，蓝色腰头，大腿处饰有鸡纹，小腿处饰有菱形及三角形几何纹。腰带由四条长方形布带组成，上绣有"之"字形排列的几何纹样，下饰有黑白相间的串珠及流苏。

花帕为黑底，四周饰有几何纹样，四角缀有黑白相间的串珠及棕色流苏。

背包带为黑白相间的串珠，背包上半部分左右各有一个圆扣型银饰，分别缀有六个水滴形银坠，中部有一蝴蝶饰品，背包中间为黑白串珠及棕色流苏，下部依次饰有条带状、星纹、羊角形和云雷纹图案，羊角状图案为黄色与褐色交替。

腰带上缀四条飘带，飘带下缀有串珠及丝络流苏，飘带上绣盘王印、菱形纹等纹样。盘王印是瑶族特有的纹样，关于其来源说法众多，有说法认为盘王印是在瑶族迁徙过程中用于认辨族群的，也有观点认为盘王印是为了牢记盘王功绩的，等等。总之，现在的盘王印已是瑶族服饰中的代表性纹样了。

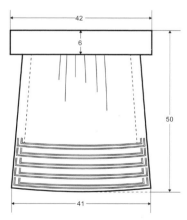

单位：cm

51

19

42

6

50

41

图129　湖南江华瑶族女装配件款式图

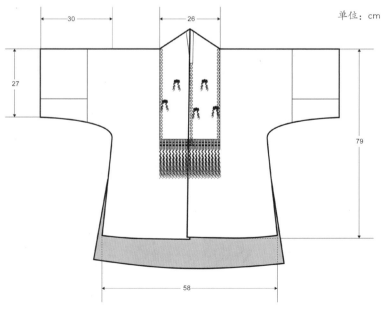

图130（a） 湖南江华瑶族女上衣正面及款式图

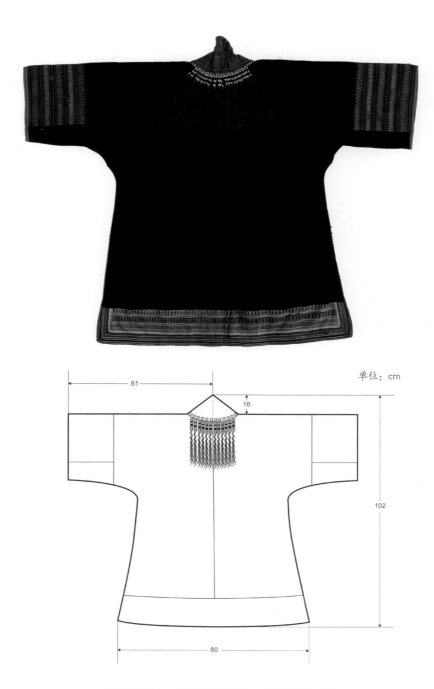

单位：cm

图130（b） 湖南江华瑶族女上衣背面及款式图

单位：cm

图 131　湖南江华瑶族女裤及款式图

广西南丹白裤瑶男装

图 132（a） 广西南丹白裤瑶男装组配正面

图132（b）　广西南丹白裤瑶男装组配背面

此套男装由上衣、裤子、包头巾、花腰带、吊花、大小绑布、绑腿带组成。

上衣为白裤瑶男子的盛装上衣，称为"大花衣"，为四层结构，外层最短，向内依次层层增加衣服长度，袖子外层最长，向内依次层层减短长度。上衣立领、对襟、无纽扣，主色彩为黑色搭配浅蓝色，后背衣摆中心、两侧有开衩，浅蓝色布块在领襟、门襟、袖口、前后片衣摆、后背衣摆开衩，两侧开衩处镶边，后中开衩，后背下摆的多层包边布上绣由橙红色、黑色丝线组成的"米字纹"装饰图案。

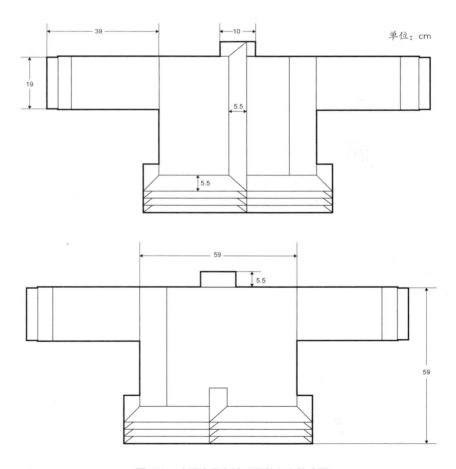

图133　广西南丹白裤瑶男装上衣款式图

下裤为白布地，宽腿裤。裤腿侧面下端绣有橙红色线组成的"米字纹"装饰图案，裤脚处绣有橘红色条状图案，被称为"血手指印"，也称"五指纹"，相传是为纪念瑶王。其装饰部位也较为固定，仅装饰于白裤瑶男子盛装裤子上，并且绣有黑色与米色丝线组成的"十字纹"。白裤瑶名称的来源便是白裤瑶男子特有的白色裤子，这种白色裤子在少数民族的服饰中是罕见的。从白裤瑶男子服装的整体造型来看，其中还蕴含着对"鸡"的动物崇拜。当白裤瑶男子着盛装弯腰时，整体造型会像一只白腿花尾的雄性鸡。

花腰带为黑色布上贴橙红色布，并绣有"米字纹"纹样。吊花与之相似。根据白裤瑶习俗，花腰带还是青年男女的定情信物，是不能随意赠与的。

包头巾为黑色棉布（图 132 ~ 图 134）。

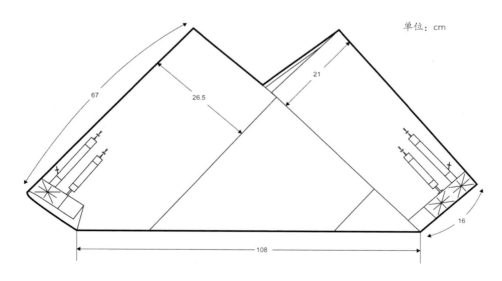

图 134　广西南丹白裤瑶男裤款式图

广西南丹白裤瑶女上衣及百褶裙

图135（a）　广西南丹白裤瑶女上衣及百褶裙组配正面

图 135（b） 广西南丹白裤瑶女上衣及百褶裙组配背面

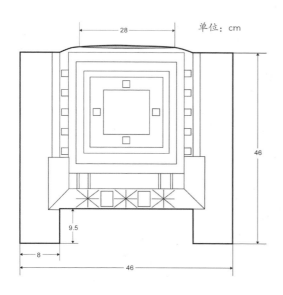

单位：cm

图 136（a） 广西南丹白裤瑶女上衣款式图

此套服装为白裤瑶女装，包括上身贯头衣及下裙。

上衣为贯头衣，无领，单层，短袖，腋下无扣，两侧不缝合，前幅为黑色净面，后幅经蜡染、刺绣等工艺装饰有沿袭千百年的图案"瑶王印"。瑶王印一般绣于女子上衣背面。相传瑶王被盗走瑶王印，难以调兵遣将，最终在和图斯的战斗中战败，瑶族子孙为了缅怀先辈，不忘旧耻，于是在女子服装背后绣瑶王印的图案，而男子则在裤装上装饰"五指纹"。瑶王印纹样的使用体现了瑶族人民对祖先的崇拜。

下穿百褶裙，以黑蓝两色相间。配挡布，遮挡百褶裙的接缝处（图135、图136）。

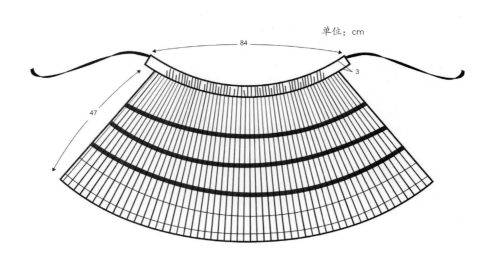

单位：cm

图 136（b） 广西南丹白裤瑶百褶裙款式图

瑶族背带

图 137　瑶族背带

背带是背负婴儿所用的背兜，能够解决妇女育儿、劳作两不误的问题，具有很高的实用性，也是西南地区少数民族不可缺少的生活物品。因为被自身的实用功能所限制，背带的形制不会发生太多变化，但随着时代的变迁，背带上的图案会因族属、地域、文化、信仰等的不同呈现出多种多样的姿态。图中展现的是一块瑶族的背带，该背带色彩多样，颜色艳丽，图案繁复。背带呈五边形，上部有长方形背带盖，用于遮盖儿童头部，遇到恶劣天气时可起到遮风挡雨的作用，不用时可折叠于背带里侧放置。该背带主体部分用黑色棉布缝制，背带心部位镶嵌背片，用以托住婴幼儿后背。从背带心的图案布局来看主要分为上下两部分。上半部分面积较小，由并列的三块"口"字形图案构成；下半部分面积较大，呈"田"字形，整体布局左右轴对称。上部图案构成类似，整体由中心的凹十字花图案与四角小图案构成，中心图案由玫红色线绣出四片心形花瓣，各花瓣外包围有绿色心形叶片，四角则各饰有桃、小蝴蝶等图案，图案底色四角各不相同，有粉、黑、紫、黄四色。下方图案构成相似，由凹八边形与四角图案构成，四个凹八边形底色分别为黄、紫、黑、红褐，中间饰有马樱花图案，上下各点缀莲花、桃子等小图案。四角图案底色各不相同，左上角为黑，右上角为黄，左下角为红，右下角为紫，四角图案也各不相同，包括有小蝴蝶、花朵、桃子等小图案。背带底部饰有彩色蜜蜂和山茶花图案。背带四周饰有几何纹样的锁边和图案的过渡，左右两侧最外侧为单色锁边，向内为玫红色底上绣黑色蝌蚪纹，蝌蚪纹两两呈轴对称；再向内为多彩色线段连接成的长条状，上绣折线纹和菱形纹；最后以黑、黄、蓝三色绣边为过渡，衔接内部图案。值得注意的是在四块图案线条的交接处钉有彩色线球。整体而言，该背带纹样以自然界动植物为主，整体布局规律有致，颜色鲜艳活泼，充满童趣（图137）。

水族

　　水族主要分布在贵州省黔南布依族苗族自治州的三都水族自治县和荔波、都匀、独山以及黔东南苗族侗族自治州的凯里、黎平、榕江、从江等县，少数散居于广西壮族自治区的西部。

　　水族男女服装皆以青、蓝色为主。男子穿大襟布衫，衣襟镶边饰，青布包头，着长裤、穿草鞋。女子穿大襟圆领衫，领襟衣袖有绣饰，青布包头，系围腰，着长裤，裤脚镶花边，穿绣花布鞋，喜欢佩带银项圈、银锁、银镯等银饰。水族围腰是女子的主要服饰，流行于三都、荔波等地。围腰上端镶绣片、银泡为饰，以花草、蝴蝶为主要图案。穿时系银链，挂勾处有镂雕的银蝶或银花朵，十分精细。水族围腰较长，系在衣服外面，既美观又保护衣衫。水族女子婚礼服上装的肩部一圈及袖口、裤子膝弯处皆镶有刺绣花带，包头巾上也有色彩缤纷的图案。

贵州三都水族女装

图138　贵州三都水族女装组配

这套女装中上衣为蓝色右衽大襟圆领衫，衣缘、袖口镶绣花边，下装为青布长裤，裤角镶花边。

　　水族服饰中最具特色的是马尾绣，马尾绣在水语中被称为"马介"，水族马尾绣是水族妇女世代传承的以马尾作为重要原材料的一种特殊刺绣技艺。它是将白色马尾缠绕上白丝线，再加上其他彩色丝线，先把各种图案分别刺绣好，然后将绣好的图案拼镶到背带布料上而成，多用于背带装饰，现在也广泛用于服装装饰（图138～图141）。

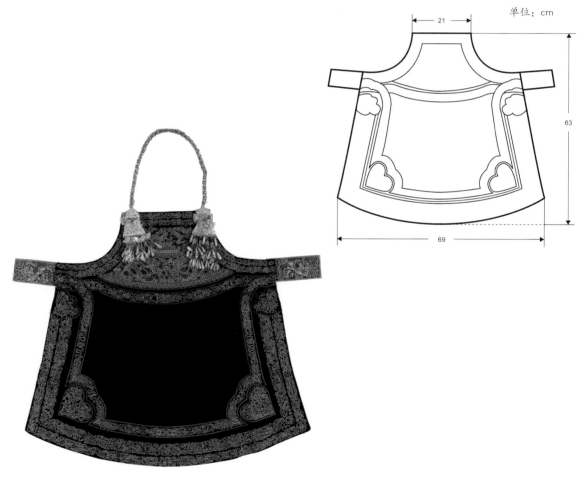

图139　贵州三都水族女装围腰及款式图

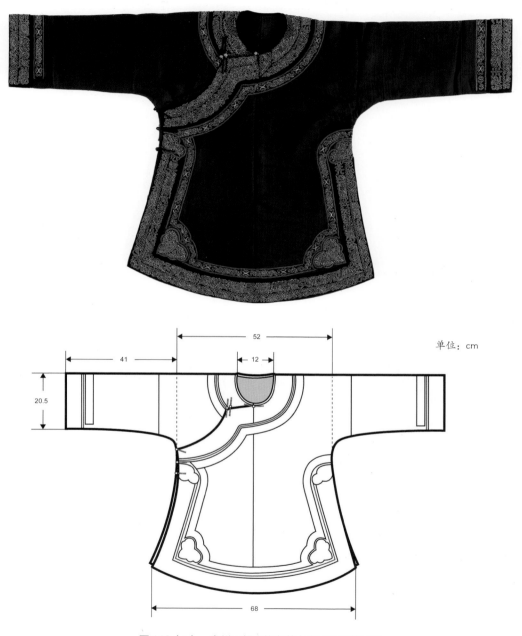

单位：cm

图140（a） 贵州三都水族女装上衣正面及款式图

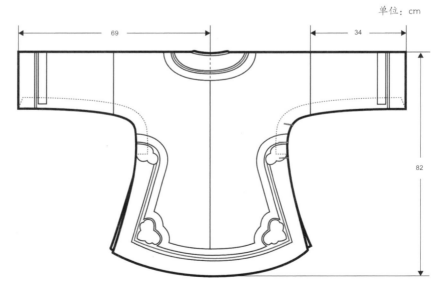

单位：cm

69

34

82

图 140（b） 贵州三都水族女装上衣背面及款式图

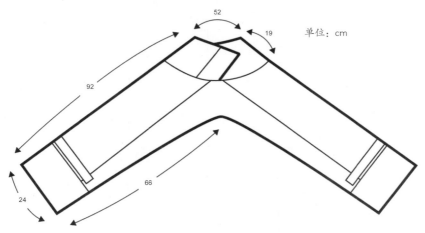

52

19

单位：cm

92

66

24

图 141　贵州三都水族女裤及款式图

水族背带

图 142（a） 水族背带

图 142（b） 水族背带局部

三都是中国唯一的水族自治县，当地水族人口约20万，占全国水族人口的60%以上。在漫长的发展过程中，水族人创造了自己独特而多彩的民族文化，其中，马尾绣作为水族妇女世代传承的古老技艺，在水族人的服装、背带、围腰、鞋帽和荷包等用品中起到重要的装饰作用。水族人有养马、赛马的习俗，因此质地坚硬的马尾作为一种主要的原材料被用在刺绣中，孕育出一种水族妇女擅长的特殊刺绣工艺——马尾绣。马尾绣工艺复杂、图案精致且不易变形，有雕塑感，绣品经久耐用，经世代相传依然色彩绚丽。2006年，水族马尾绣被列入国家级非物质文化遗产名录。

　　马尾绣背带是水族女子出嫁时娘家陪嫁的嫁妆之一，是水族女子生儿育女的必备之物。"生了孩子背起来"，从婚后生育第一个孩子开始，水族女子就用一块背带将孩子包裹在背上，无论赶场、上山砍柴、下地种田，还是做家务，孩子总在背带里，在妈妈的背上，背带是他们醒了玩、困了睡的摇篮，伴随水家孩童的成长。

　　此件马尾绣背带是水族传统背带形式，呈倒梯型，由肩带、背带顶、背带心和背带尾构成。背带上通体刺绣装饰，图案用缠绕马尾的丝线做轮廓，中间由彩色丝线辫绣填充，最后再钉上降魔辟邪的铜亮片。背带顶部由五块矩形马尾绣片组成，中间寿字纹，两侧树木纹，最外侧是蝴蝶纹。背带中心主体部分是九块马尾绣拼接成的一个大的蝴蝶图案，每块绣片中又包含若干花卉蝴蝶纹，实为一种花中花的构图方式。背带顶和背带心的构图方式以及纹样内容几乎是水族背带的固定模式。相传远古时候，天上有九个太阳，水族女子下地劳作，将婴孩放在田埂边，一只蝴蝶飞来张开翅膀为婴孩遮挡炙热毒辣的太阳，保护了孩子。从此，水族女子将蝴蝶的图案绣在背带上，护佑孩子健康成长。

　　此件背带形制古朴、刺绣精美、色泽亮丽，是水族传统背带的经典之作之一，反映了水族人独具一格的生育文化和刺绣技艺（图142）。

参考文献

[1] 杨庭硕，罗康隆 . 西南与中原 [M]. 昆明：云南教育出版社，1992.

[2] 杨鹓国 . 苗族服饰：符号与象征 [M]. 贵阳：贵州人民出版社，1997.

[3] 中国民族博物馆 . 中国苗族服饰研究 [M]. 北京：民族出版社，2004.

[4] 凯瑟·苏珊 . 服装社会心理学 [M]. 北京：中国纺织出版社，2000.

[5] 苏东晓 . 从边缘出发：民族文化遗产现代转化与时尚生产运作的同构问题 [J]. 文化遗产，
    2018（3）：20.

[6] 荣树云 . "非遗"语境中民间艺人社会身份的构建与认同：以山东潍坊年画艺人为例 [J].
    民族艺术，2018（1）：91.

[7] 王英杰 . 浅析非物质文化遗产生产性保护 [J]. 理论界，2013（4）：67.

[8] 马晨曲，卞向阳 . "自我"与"他者"二元视角下的水族民族服饰活态传承 [J]. 装饰，
    2020（2）：108–111.

[9] 潘一志 . 水族社会历史资料稿 [M]. 贵阳：三都水族自治县民族文史研究组，1981.

[10] 三都水族自治县志编纂委员会 . 三都水族自治县志 [M]. 贵阳：贵州人民出版社，1992.

[11] 赵杏根 . 历代风俗诗选 [M]. 长沙：岳麓书社，1990.

[12] 杨庭硕，潘盛之 . 百苗图抄本汇编 [M]. 贵阳：贵州人民出版社，2004.

[13] 傅恒 . 皇清职贡图 [M]. 扬州：广陵书社，2008.

[14] 吴泽霖，陈国钧 . 贵州苗夷社会研究 [M]. 北京：民族出版社，2004.

[15] 岑家梧 . 岑家梧民族研究文集 [M]. 北京：民族出版社，1992.

[16] 何积全 . 水族民俗探幽 [M]. 成都：四川民族出版社，1992.

[17] 贵州省水家学会 . 水家学研究（四）[M]. 贵阳：贵州省水家学会，2004.

[18] 玛里琳·霍恩 . 服饰：人的第二皮肤 [M]. 上海：上海人民出版社，1991.

[19] 卞向阳 . 中国近现代海派服装史 [M]. 上海：东华大学出版社，2014.

[20] 《水族简史》编写组 . 水族简史 [M]. 北京：民族出版社，2008.

[21] 刘春雨 . 贵州三都水族豆浆防染工艺及纹样寓意阐释 [J]. 染整技术，2017（10）：65-69.

[22] 潘瑶 . 水族豆浆染的文化价值及传承现状浅议 [J]. 黔南民族师范学院学报，2013（3）：47-49.

[23] 谭放炽 . 略谈贵州民族地区棉纺织业的发展 [J]. 贵州民族研究，1989（3）：120.

[24] 雷广正 . 三都水族自治县三洞乡水族社会调查 [G]// 贵州省民族事务委员会，贵州省民族研究所 . 贵州"六山六水"民族调查资料选编：水族卷 . 贵阳：贵州民族出版社，2008：33.

[25] 杨有义 . 板引村水族社会调查：节选 [G]// 贵州省民族事务委员会，贵州省民族研究所 . 贵州"六山六水"民族调查资料选编：水族卷 . 贵阳：贵州民族出版社，2008：116.

[26] 陈武勇，刘波，刘进，等 . 植物单宁与铁盐和氧化剂反应的变色规律 [J]. 中国皮革，2003（7）：12.

[27] 杜燕孙 . 国产植物染料染色法 [M]. 第 2 版 . 上海：商务印书馆，1939.

[28] 贾秀玲 . 植物靛蓝染料染色及固色工艺研究 [D]. 上海：东华大学，2012，6.

[29] 尹红 . 广西融水苗族服饰的文化生态研究 [D]. 杭州：中国美术学院，2011，62-64.

[30] 谭丽梅，苟锐 . 贵州肇兴侗布工艺特征探析 [J]. 装饰，2018（5）：87-89.

[31] 王英杰 . 浅析非物质文化遗产生产性保护 [J]. 理论界，2013（4）：67.

[32] 祁庆富 . 存续"活态传承"是衡量非物质文化遗产保护方式合理性的基本准则 [J]. 中南民族大学学报（人文社会科学版），2009（3）：3.

[33] 文化部关于加强非物质文化遗产生产性保护的指导意见 [N]. 中国文化报，2012-2-27（1）.

[34] 贵州省科技教育领导小组办公室，贵州省民族事务委员会 . 贵州世居少数民族服饰经典 [M]. 贵阳：贵州民族出版社，2013.

[35] 吴贵飙 . 水族服饰文化的内涵及其特征 [C]// 贵州省水家学会 . 贵州省水家学会第三届、第四届学术讨论会论文汇编 . 贵阳：贵州省水家学会，1999：5.

[36] 何晏文 . 关于民族服饰的几点思考 [J]. 民族研究，1994（6）：40.

[37] 刘瑞璞，何鑫 . 中华民族服饰结构图考少数民族编 [M]. 北京：中国纺织出版社，2013.

[38] 贾玺增 . 中国服饰艺术史 [M]. 天津：天津人民美术出版社，2009.

[39] Bian Xiang Yang, Rong Ting. Sihouette and structure of Huatouyao women's dress: set Huatouyao women's dress in Naliang Town, Dongxing City, Guangxi as an example[C] // International Conference on Textile Engineering and Materials, China: Dalian, 2013：685-693.

[40] 李默 . 瑶族历史探究 [M]. 北京：社会科学文献出版社，2015.

[41] 毛宗武 . 瑶族勉语方言研究 [M]. 北京：民族出版社，2004.

[42] 姚舜安 . 瑶族迁徙之路的调查 [J]. 民族研究，1988（3）：80.

[43] 刘耀荃 . 中国瑶族支系及人口分布 [C]// 马建钊 . 岭南民族研究文集 . 广州：广东人民出版社，2010：55.

[44] 杨鹓 . 背景与方法：中国少数民族服饰文化研究导论 [J]. 贵州民族学院学报（社会科学版），1997（4）：38.

[45] 周振鹤，游汝杰 . 方言与中国文化 [M]. 上海：上海人民出版社 . 2006.

[46] 杨芝斌 . 盛开在黄果树瀑布周围的鲜花：简介布依族妇女的服饰 [J]. 西南民族大学学报（人文社会科学版），1984（2）：99-101.

后 记

首先，简要介绍专题研究部分我的合作者们，尽管这些研究工作都是她们在读研究生期间完成的，但是，目前除李林臻依然是在读博士生外，容婷已经是广西艺术学院副教授，马晨曲在东华大学服装与艺术学院任教，她们都是崭露头角的青年学者，而姚晨琰则是就职于一家上市公司的才华出众的年轻设计师。

其次，特别致谢徐小雯以及李苏琴、马小红、王晶、刘祥宇这5位我的博物馆同仁，他们一起完成实物分析部分的文字撰写和实物选取工作，徐小雯则负责本书所有文字梳理和资料整理。另外，感谢参与本书工作的研究生同学们，其中牟金莹完成了所有实物款式图的绘制，郑宇婷则带领王冠华、王婷和郭敏瑞完成本书最后的校对和整理。

最后，衷心感谢东华大学出版社的大力支持和编辑马文娟、张妍、季丽华的辛勤工作。

卞向阳

2021 年 12 月 20 日